桩基设计施工与检测研究

赵 侃◎著

内蒙古文化出版社

图书在版编目（CIP）数据

桩基设计施工与检测研究 / 赵侃著. -- 呼伦贝尔：
内蒙古文化出版社，2024.6.
ISBN 978-7-5521-2525-2

Ⅰ.TU473.1

中国国家版本馆CIP数据核字第20244AZ027号

桩基设计施工与检测研究

赵　侃　著

责任编辑　黑　虎
装帧设计　万瑞铭图

出版发行　内蒙古文化出版社
地　　址　呼伦贝尔市海拉尔区河东新春街 4 付 3 号
直销热线　0470-8241422　　　　**邮编**　021008
印刷装订　天津旭丰源印刷有限公司
开　　本　787mm×1092mm　1/16
印　　张　13.25
字　　数　209千
版　　次　2024 年 10 月第 1 版
印　　次　2024 年 10 月第 1 次印刷
标准书号　978-7-5521-2525-2
定　　价　78.00 元

前言

桩基是一种古老传统的基础形式，但是由于其独特的结构形式和出色的承载效果，至今仍然为工程建设中很重要的一种基础形式，随着一些高、大，重，深建筑物的出现，为桩基的发展提供了良好的机遇，桩的应用范围不断扩大，理论研究发展迅速，并开发、提出了各种形形色色、花样繁多的桩型。近年来，随着国内基本建设的高速发展，建设工程施工水平的不断提高，可直接用作建筑物基础的天然地基越来越少，因此桩基础已是大部分建筑物与构筑物的首选或必选基础。而与桩基相关的各项技术也取得了长足的进步，出现了不少新的桩型、成桩工艺，检测、测试方法。

桩基施工技术在建筑工程中的应用不仅提高了建筑工程的整体质量，还节省了建筑的工期，实现了建筑工程施工社会效益与经济效益的统一，桩基施工工艺在桩基的形式上，桩的种类上，设计的理论和施工的方法上都有了较大进步和发展。桩基工程是一项工序十分复杂且具有较强的专业性的工程，实际施工过程中桩基施工质量常受各种外界因素影响，如果稍有不慎，就可能影响桩基工程质量。所以，对建筑桩基进行检测研究也是十分必要的。

目录

第一章　受荷桩基的承载力 1

　　第一节　竖向受荷桩基的承载力 1

　　第二节　水平受荷桩基的承载力 12

第二章　预制钢筋混凝土桩的施工 18

　　第一节　预制钢筋混凝土桩 18

　　第二节　锤击法沉桩 27

　　第三节　振动法沉桩 58

　　第四节　静压法沉桩 63

　　第五节　静钻根植桩法 70

第三章　灌注桩施工 76

　　第一节　灌注桩概述 76

　　第二节　全套管灌与人工挖孔灌注桩 82

　　第三节　循环钻成孔灌注桩 98

　　第四节　潜水钻成孔与旋挖钻斗钻成孔灌注桩 111

第四章　既有建（构）筑物的地坪止沉与基础托换 129

　　第一节　既有建筑的软土地基加固 129

　　第二节　既有建（构）筑物的基础托换 135

　　第三节　既有建（构）筑物的岩土工程问题 141

　　第四节　软地基处理与污染耕植土的净化处理 155

第五章　桩基检测 162

　　第一节　单桩静载试验 162

　　第二节　桩的动测技术 180

　　第三节　桩身完整性检测 196

参考文献 205

第一章 受荷桩基的承载力

第一节 竖向受荷桩基的承载力

一、单桩的竖向抗压承载性状

桩的作用就是把桩顶荷载 P 传递给地基，它是通过桩侧摩阻力 Q_s 及桩端阻力 Q_p 来传递的，可由下式表达

$$P=Q_s+Q_p=q_sUL+q_pA_p （2-1）$$

式中 Q_s——桩侧总摩阻力（kN）；

Q_p——桩端总阻力（kN）；

q_s——桩侧单位面积上的摩阻力，简称桩侧摩阻力（kPa）；

q_p——桩端单位面积上的阻力，简称桩端阻力（kPa）；

U——桩身截面周长（m）；

L——桩长（m）；

A_p——桩端全截面面积（m²）。

（一）桩的荷载传递

1.影响桩侧阻力和桩端阻力的因素

（1）荷载传递函数

桩是通过桩侧摩阻力及桩端阻力来把桩顶荷载传递给地基的。荷载传递过程是一个复杂的、动态的过程。当桩顶不受力时，桩静止不动，桩侧、桩端阻力为零；当桩顶受力后，桩发生一定的沉降，桩侧阻力和桩端阻力随之发挥出来，并与桩顶荷载平衡，沉降稳定；随着桩顶荷载的增大，沉降也随之增大，桩侧、桩端阻力也相应地增大，以使沉降稳定。当桩顶荷载达到某一值，桩侧、桩端阻力已达到其极限而不能再增大时，则再不能平衡桩顶

荷载，此时桩将出现持续下沉，桩基达到破坏状态。可见，桩侧、桩端阻力的发挥是与桩土相对位移有关的，而且是有极限的。

桩侧阻力 q_s、桩端阻力 q_p 与桩土相对位移 s 之间的关系函数称为荷载传递函数。传递函数曲线的形状比较复杂，它与土层性质、埋深、施工工艺和桩径等有关。

荷载传递函数的曲线形状有加工软化型、加工硬化型、非软化硬化型。荷载传递函数的主要特征参数为极限阻力 q_u 和极限位移 s_u。发挥侧阻极限值 q_{su} 和端阻极限值 q_{pu} 所需的极限位移 s_u 是不同的，发挥端阻极限值所需位移较大（一般为桩底直径 10% 以上）；发挥侧阻极限值所需位移较小，如黏性土为 4～6mm、砂性土为 6～10mm。

（2）桩顶荷载

影响桩的荷载传递的因素很复杂，主要因素是荷载大小和荷载传递函数等。以下从桩顶荷载大小方面进行分析。

桩顶荷载 P 的大小不同，相应的桩侧阻力及桩端阻力的大小和分布将不同。荷载较小时，上部桩身压缩，侧阻 Q_s 继而发挥，桩身轴力 Q（=P−Q_s）随深度递减。当某截面处 Q_z=0 时，此截面以下桩身无轴力，桩身无压缩变形，该截面以下的桩侧摩阻力将不会发挥出来。类推可知，随荷载增大，Q_s自上而下发挥。若荷载继续增大，桩端处桩身轴力 Q_z 将不为零，则桩端出现竖向位移，从而使桩端反力 Q_p 发挥出来。当荷载继续增大，桩侧摩阻力全部达极限，新增荷载将全部由桩端土承担。若荷载再继续增大，最终桩端阻力达极限，桩将急剧下沉达到破坏状态。

（3）影响 q_s 及 q_p 的其他因素

①成桩效应

非密实砂土中的挤土桩，成桩过程使桩周土因挤压而趋于密实，导致桩侧、桩端阻力提高。对于群桩，桩周土的挤密效应更为显著。饱和黏土中的挤土桩，成桩过程使桩周土受到挤压、扰动、重塑，产生超孔隙水压力，随后出现孔压消散、再固结和触变恢复，导致侧阻力、端阻力产生显著的时间效应，即软黏土中挤土摩擦型桩的承载力随时间而增长，距离沉桩时间越近，增长速度越快。

非挤土桩（如钻、冲、挖孔灌注桩）成孔过程使孔壁侧向应力解除，出现侧向土松弛变形。孔壁土的松弛效应导致土体强度削弱，桩侧阻力随之降低。采用泥浆护壁成孔的灌注桩，在桩土界面之间将形成"泥皮"的软弱界面，导致桩侧阻力显著降低，泥浆越稠、成孔时间越长，"泥皮"越厚，桩侧阻力降低越多。若形成的孔壁比较粗糙（凹凸不平），由于混凝土与土之间的咬合作用，则接触面的抗剪强度受"泥皮"的影响较小，桩侧摩阻力能得到比较充分的发挥。对于非挤土桩，成桩过程桩端土不仅不产生挤密，反而出现虚土或沉渣现象，因而使端阻力降低，沉渣越厚，端阻力降低越多。这说明钻孔灌注桩承载特性受很多施工因素的影响，施工质量较难控制。掌握成熟的施工工艺，加强质量管理对工程的可靠性显得尤为重要。

②尺寸效应

桩的尺寸对桩端极限阻力是有影响的，一般均认为随着桩尺寸的增大，桩端极限阻力变小。对于软土，尺寸效应并不显著，在工程上可以不考虑；对于硬土层，如中密－密实砂土，尺寸效应明显，值得注意。

③加荷工况

除了静载试验时的快、慢速加载会对试验结果有一定影响外，同一根桩经过第一次静载试验后，再进行第二次试压，两次试桩的结果往往不同。

2. 影响荷载传递性状的因素

桩和土对荷载传递性状的影响主要表现如下：

1）桩端土与桩侧土的刚度比 E_p/E_s 越小，桩身轴力沿深度衰减越快，即传递到桩端的荷载越小。

2）随桩土刚度比 E_p/E_s（桩身刚度与桩侧土刚度之比）的增大，传递到桩端的荷载增大，但当 $E_p/E_s \geq 1000$ 后，Q_p/Q 的变化不明显。

3）随桩的长径比 L/d 增大，传递到桩端的荷载减小。当 $L/d \geq 40$，在均匀土中，其端阻分担的荷载趋于零；当 $L/d \geq 100$，不论桩端土刚度多大，其端阻分担的荷载值小到可忽略不计。即使是嵌岩桩，其长径比 $L/d > 20$ 时也可能属于摩擦型桩，其桩端总阻力也较小。

4）随桩端扩径比 D/d 增大，端阻分担荷载比增加。

二、单桩竖向抗压承载力的确定

（一）概述

1. 单桩极限承载力

单桩极限承载力是指单桩在荷载作用下到达到破坏状态前或出现不适于继续承载的变形前所对应的最大荷载。它取决于土对桩的支承阻力和桩身承载力。

2. 单桩承载力特征值及设计值

单桩承载力特征值及设计值是设计时考虑了一定的安全度而取用的承载力值。对应于桩基设计的定值设计方法和概率极限状态设计方法这两大类设计方法，分别有单桩承载力特征值（或承载力容许值）和单桩承载力设计值。桩基设计若采用定值设计方法进行承载力验算时，桩顶荷载取标准组合值，则不能超过单桩承载力特征值或承载力容许值；桩基设计若采用概率极限状态设计方法进行承载力验算时，桩顶荷载取基本组合值，则不能超过单桩承载力设计值。需注意，我国各类相关规范对此采用的方法及术语是不同的。

（1）单桩承载力特征值及单桩承载力容许值

在定值设计方法中，根据经验确定的安全系数来保证桩基的安全度。单桩竖向极限承载力标准值除以安全系数后的承载力值即为单桩承载力特征值或单桩承载力容许值。

（2）单桩承载力设计值

在概率极限状态设计方法中，是采用分项系数来保证桩基的可靠度的。

3. 单桩承载力的确定方法

单桩承载力的确定方法主要有静载荷试验法，经验参数法，静力计算法，静力触探等原位测试法，动力法等。

（二）静载荷试验法

1. 试验装置

静载荷试验装置主要由加载系统和量测系统组成，加载系统由液压千斤顶及其反力系统组成，后者包括主、次梁及锚桩，所能提供的反力应大于预估最大试验荷载的 1.2 倍。采用工程桩作为锚桩时，锚桩数量不能少于 4 根，并应对试验过程中的锚桩上拔量进行监测。反力系统也可以采用压重平台反力装置或锚桩压重联合反力装置。采用压重平台时，要求压重必须大于预估最大试验荷载的 1.2 倍，且压重应在试验开始前一次加上，并均匀稳固放置于平台上；压重施加于地基的压应力不宜大于地基承载力特征值的 1.5 倍。

量测系统主要由千斤顶上的精密压力表或荷载传感器（量测荷载大小）及百分表或电子位移计（测试桩顶沉降）等组成。为准确测量桩的沉降，消除相互干扰，要求必须有基准系统。基准系统由基准桩、基准梁组成，且保证在试桩、锚桩（或压重平台支墩）与基准桩之间有足够的距离，一般应大于 4 倍桩直径并不小于 2m。

2. 试验方法

一般采用逐级等量加载慢速维持荷载法。分级荷载一般按最大加载量或预估极限荷载的 1/10 施加，第一级荷载可加倍施加。每级加载后，按第 5min、10min、15min、30min、45min、60min，以后按 30min 间隔测读桩顶沉降量。当每小时沉降不超过 0.1mm，并连续出现 2 次，则认为沉降已达到相对稳定，可加下一级荷载。符合下列条件之一时，可终止加载：

1）某级荷载作用下，桩的沉降量为前一级荷载作用下沉降量的 5 倍；桩顶总沉降量小于 40mm 时，宜加载至总沉降量超过 40mm。

2）某级荷载作用下，桩的沉降量为前一级荷载作用下沉降量的 2 倍，且 24h 尚未达到相对稳定。

3）桩顶加载达到设计规定的最大加载量。

4）当工程桩作为锚桩时，锚桩上拔量已达到允许值。

5）荷载 - 沉降曲线呈缓变形时，可加载至桩顶总沉降量 60 ~ 80mm；特殊情况下可根据具体要求加载至桩顶总沉降量为 80mm 以上。

终止加载后应进行卸载，每级卸载量按每级加载量的 2 倍控制，并按 15min、30min、60min 测读回弹量，然后进行下一级的卸载；全部卸载后，隔 3 ~ 4h 再测回弹量一次。

静载荷试验方法还有循环加卸载法（每级荷载相对稳定后卸载到零）和快速维持荷载法（每隔 1h 加一级荷载）。如果有选择地在桩身某些截面（如土层分界面的上与下）的主筋上埋设钢筋应力计，在静载荷试验时，可同时测得这些截面处主筋的应力和应变，进而可进一步得到这些截面的轴力、位移，从而算出两个截面之间的桩侧平均摩阻力。

3. 检测数量

对于甲级、乙级建筑和地质条件复杂、施工质量可靠性低的桩基础，必须进行单桩竖向静载荷试验。在同一条件下的试桩数量不宜小于总桩数的1%，且不应小于3根，工程总桩数在50根以内时不应小于2根。静载荷试验也可在工程桩中进行，此时只要求加载到承载力特征值的2倍，而不需加载至破坏，以验证是否满足设计要求即可。

4. 从成桩到开始试验的间歇时间

对灌注桩应满足桩身混凝土养护所需的时间，一般宜为成桩后28d。对预制桩尽管施工时桩身强度已达到设计要求，但由于单桩承载力的时间效应，试桩距沉桩时间也应该有尽可能长的休止期，否则试验得到的单桩承载力明显偏小。一般要求，对于砂类土不应少于7d，粉土不应少于10d，非饱和黏性土不应少于15d，饱和黏性土不应少于25d。

三、群桩的竖向抗压承载性状

（一）群桩效应的机理分析

桩基础常以群桩的形式出现，桩的顶部与承台连接。在竖向荷载作用下，一方面承台底面的荷载由桩承担，桩顶将荷载传递到桩侧土和桩端土上，各桩之间通过桩间土产生相互影响；另一方面，在一定条件下桩间土也可通过承台底面参与承担来自承台的竖向力。最终在桩端平面形成了应力的叠加，从而使桩端平面的应力水平大大超过单桩，应力扩散的范围和深度也远远大于单桩。这些影响的综合结果使得群桩的工作性状与单桩有很大的区别，群桩－土－承台形成一个相互影响和共同作用的体系。

1. 桩与土相互作用

对于挤土桩，在不很密实的砂土及非饱和黏性土中，由于成桩的挤土效应而使土挤密，从而增加桩侧阻力；而在饱和软土中沉入较多挤土桩则会引起超孔隙水压力，随后发生孔压消散、桩间土再固结和触变恢复，从而导致桩侧和端阻产生显著的时间效应，即软黏土中挤土桩的承载力随时间而增长，另外土的再固结还会发生负摩阻力。

2. 桩与桩相互作用

桩所承受的力是由侧阻及端阻传递到地基土中的。桩的荷载传递类型（端承桩及摩擦桩）以及桩距将影响群桩效应。

对于端承型桩，桩上的力主要通过桩身直接传到桩端土上，因桩端面积较小，在正常桩距（3d ~ 4d）时，各桩端的压力彼此不会相互影响，这种情况下群桩沉降量等于单桩沉降量，群桩承载力等于单桩承载力之和。

对于摩擦型桩，桩顶荷载主要通过桩侧摩阻力传递到桩周土中，然后再传到桩端土层。一般认为桩侧摩阻力在土中引起的竖向附加应力按某一角度 α 沿桩长向下扩散到桩端平面上。当桩数少且桩距较大时（如大于 6d），桩端平面处各桩传来的附加压力互不重叠或重叠不多，这时群桩中各桩的工作状态类似于单桩。但当桩数较多，桩距较小时，如正常桩距（3d ~ 4d），桩端处地基中各桩传来的压力就会相互叠加，使得桩端处压力要比单桩时数值增大，荷载作用面积加宽，影响深度更深。其结果，一方面可能使桩端持力层总应力超过土层承载力；另一方面由于附加应力数值加大，范围加宽、加深，而使群桩基础的沉降量大大高于单桩的沉降量，特别是如果桩端持力层之下存在着高压缩性土层的情况，则可能由于沉降控制而明显减小桩的承载力。

3. 承台与桩土相互作用

承台与桩间土直接接触，在竖向压力作用下承台会发生向下的位移，桩间土表面承压，分担了作用于桩上的荷载，特别是摩擦型桩基，有时承受的荷载高达总荷载的三分之一甚至更高。但以下几种情况下，承台与土面可能分开或者不能紧密接触，导致分担荷载的作用不存在或者不可靠：桩基础承受经常出现的动力作用，如铁路桥梁的桩基；承台下存在可能产生负摩阻力的土层，如湿陷性黄土、欠固结土、新近填土、高灵敏度黏土、可液化土；在饱和软黏土中沉入密集的群桩，引起超静孔隙水压力和土体隆起，随后桩间土逐渐固结而下沉的情况；桩周堆载或降水而可能使桩周地面与承台脱开等。

承台对于桩的摩阻力和端承力的发挥也有影响。一方面，由于承台底部的土、桩、承台三者有基本相同的位移，因而减少了桩与土间的相对位移，使桩顶部位的桩侧阻力不能充分发挥出来。另一方面，承台底面向地基施加的竖向附加应力，又使桩的侧阻力和端阻力有所增加。

由刚性承台连接群桩可起到调节各桩受力的作用。在中心荷载作用下各桩顶的竖向位移基本相等，但各桩分担的竖向力并不相等，一般是角桩的受力分配大于边桩的，边桩的大于中心桩的，即是马鞍形分布。同时整体作用还会使质量好、刚度大的桩多受力，质量差、刚度小的桩少受力，最后使各桩共同工作，增加了桩基础的总体可靠度。

总之，群桩效应是桩－土－承台相互影响、共同作用的结果。对于端承型桩，大部分荷载由桩端传递，桩侧摩阻力及承台土反力传递荷载较小，故桩－土－承台相互影响小，即群桩效应弱。对于摩擦型桩，大部分荷载由桩侧摩阻力传递，承台土反力也传递荷载，桩－土－承台相互影响大，即群桩效应强。

（二）群桩的荷载传递特性

对于低承台桩基来说，由于桩－土－承台的相互作用，桩基的工作性状、荷载传递均趋于复杂，明显不同于独立单桩。群桩地基中，桩侧阻力、桩端阻力、承台土反力、桩顶反力等都随着群桩的桩距、桩数、桩长、承台宽度等变化而呈现出一定的变化规律。

1.群桩的桩侧阻力

（1）桩距的影响

若桩间距过小，桩间土竖向位移因相邻桩的影响，桩土相对位移减小，致使桩侧阻力不能充分发挥。

（2）承台的影响

由于桩与承台的共同作用，承台与桩顶同步沉降，所以承台限制了桩上部一定范围内桩与土的相对位移，影响了桩侧摩阻力的充分发挥，产生"削弱效应"，此削弱效应存在于桩上部，从而改变了荷载传递过程。随着桩端贯入变形发展，与单桩情况不同，不是上部桩身的侧摩阻力首先达到极限后继续向下发展，而是桩身中、下部首先达到极限值，然后随着荷载的增加，从桩身中、下部开始逐步向上、向下发展，同时随着承台下土压缩量的增加，桩身侧摩阻力逐步达到极限值。

（3）桩长与承台宽度比的影响

当桩长和承台宽度比 $l/B < 1.0 \sim 1.2$ 时，承台底土反力形成的压力泡将包围整个桩群，桩间土和桩底平面以下的土受竖向应力而产生位移，导致桩侧土的剪应力松弛而使桩侧摩阻力降低。

（4）土性的影响

对于加工硬化型的土（如非密实的粉土、砂土），在群桩受压变形过程中，桩间土由于剪切压缩，使得其强度得到提高，并对桩侧表面产生侧向压力而使桩侧摩阻力增大。

2. 群桩的桩端阻力

（1）桩间距的影响

一般情况下桩端阻力随桩距减小而增大。这是由于桩侧剪应力传递到桩端平面使主应力差减小和桩端土侧向挤出受到邻桩的相互制约所致。

（2）承台的影响

对于低承台，当桩长与承台宽度比 $l/B \leqslant 2$ 时，承台底土反力传递至桩端平面可减小主应力差，承台还限制桩土相对位移减小桩端土侧向挤出，从而提高桩端阻力。由于承台的"增强效应"，低承台群桩端阻力大于高承台，并在桩距 3d 左右呈现峰值。

（3）土性与成桩工艺的影响

对于非密实的粉土、砂土，打入桩会因桩的相互制约而使桩间土和桩端土的挤密效应更明显，桩端阻力因此而提高。

3. 承台分担荷载

承台与其下地基土接触，在竖向荷载作用下，承台下的土产生反力，承台上的部分荷载直接传到承台下的土中，从而可直接承担一部分荷载。

承台土反力主要是由于桩端产生贯入变形，桩土间出现相对位移而产生的。桩身弹性压缩也引起少量桩土相对位移而出现一部分承台土反力。承台土反力的大小及其分担荷载的作用随下列因素而变化。

（1）桩端持力层性质

若桩端持力层较硬，桩的贯入变形小，则承台土反力较小。

（2）承台底土层的性质

若承台底面土层较弱，尽管桩的贯入变形较大，产生的土反力也不大，若承台底基土为欠固结状态，则可能随着土的固结而使土反力逐步减小以致消失。

（3）桩距大小

若桩距较小，桩间土受邻桩影响而产生的"牵连变形"（桩侧土因受桩侧摩阻力的牵连作用产生的剪切变形，随着与桩侧表面距离的增大而衰减）较大，将导致承台土反力减小。

（4）桩群内、外的承台面积比

桩群外部的承台底面土受桩的干涉作用远小于桩群内部，若桩群外围承台底面积所占比例较大，则承台土反力总值及其分担荷载的作用增大。

（5）沉桩挤土与固结效应

对于饱和黏性土中的打入式群桩，若桩距小、桩数多，超孔隙水压和土体上涌量随之增大，承台浇筑后，处于欠固结状态的重塑土体逐渐再固结，致使基土与承台脱离，并将原来分担的荷载转移到桩上，甚至出现负摩擦力。

（6）荷载水平

基桩的贯入变形（包括桩端土的压缩和塑性挤出）随荷载水平提高而提高，同时基桩的刚度越低，基桩分担的荷载越小，承台分担的荷载越大。在上部土层较好、桩距较大、建筑物整体性好的情况，可考虑大幅度提高单桩设计承载力（有时可取极限承载力）以发挥承台分担荷载的作用，形成复合桩基。

总之，影响承台分担荷载比例的关键因素之一是桩间距。同时，承台土反力总值与桩端刺入量间呈较好的线性关系，因此保证桩有一定的刺入量是承台参与工作的重要条件。

4. 群桩的桩顶反力分布特征

（1）桩距的影响

当桩距超过常规桩距（3d ~ 4d）后，桩顶荷载差异随桩距增大而减小。

（2）桩数的影响

桩数越多，桩顶荷载差异越大。

（3）承台与上部结构综合刚度的影响

对于大面积桩筏、桩箱基础，桩顶荷载的差异随承台与上部结构综合刚度的增大而增大；对于绝对柔性的承台，桩顶荷载趋于均匀分配。

（4）土性的影响

对于加工硬化型土，在常规桩距条件下，桩侧摩阻力在沉降过程中因桩土相互作用而提高，而中间桩的桩侧摩阻力增量大于角、边桩，因而可出现桩顶荷载分配趋向均匀的现象。

（三）群桩的破坏模式

群桩极限承载力的计算模式是根据群桩破坏模式来确定的，分析群桩的破坏模式主要涉及两个方面，即群桩侧阻的破坏和端阻的破坏。

1. 群桩侧阻的破坏

群桩侧阻破坏模式一般划分为桩土整体破坏和非整体破坏。整体破坏是指桩土形成整体，如同实体基础那样承载和变形，桩侧阻力的破坏面发生于桩群外围；非整体破坏是指各桩的桩土间产生相对位移，各桩的侧阻力剪切破坏发生于各桩桩周土体或桩土界面上。

影响群桩侧阻破坏模式的因素主要有土性、桩距、承台设置方式和成桩工艺。对于砂土、粉土、非饱和松散黏性土中的挤土型群桩，在较小桩距条件下，群桩侧阻一般呈整体破坏；对于无挤土效应的钻孔群桩，一般呈非整体破坏。

2. 群桩端阻的破坏

群桩端阻的破坏分为整体剪切、局部剪切和刺入破坏三种模式，群桩端阻的破坏与侧阻的破坏模式有关。

（1）当侧阻呈桩土非整体破坏时

此时各桩单独破坏，各桩端的破坏与单桩相似。单桩的端阻力破坏模式有三种：整体剪切、局部剪切、刺入剪切。整体剪切破坏时，连续的剪切滑裂面开展至桩端平面；局部剪切破坏时，土体侧向压缩量不足以使滑裂面开展至桩端平面；刺入剪切破坏时，桩端土竖向和侧向压缩量都较大，桩端周边产生不连续的向下辐射性剪切，桩端"刺入"土中。

当桩端持力层为密实砂土或硬黏土，其上覆层为软土，且桩不太长时，端阻一般呈整体剪切破坏；当其上覆土层为非软土时，端阻一般呈局部整体剪切破坏；当存在软弱下卧层时，可能出现刺入剪切破坏。当桩端持力层为松散、中密砂土或粉土、高压缩性及中等压缩性黏性土时，端阻一般呈刺入剪切破坏。

（2）当侧阻呈桩土整体破坏时

桩端演变成底面积与桩群面积相等的单独实体墩基，此时，由于基底面积大、埋深大，墩基一般不发生整体剪切破坏，而是呈局部剪切和刺入剪切破坏，尤以后者多见。当存在软弱下卧层时，有可能由于软弱下卧层产生剪切破坏或侧向挤出而引起群桩整体失稳。只有当桩很短且持力层为密实土层时才可能出现墩底土的整体剪切破坏。

实用中，群桩的破坏模式分为"整体破坏"和"非整体破坏"。这种破坏模式的划分实际上是按桩侧阻力的破坏模式划分的。

第二节 水平受荷桩基的承载力

一、水平受荷桩基的工作性状

（一）水平荷载下单桩的破坏性状

1. 弹性桩和刚性桩的概念

桩在水平荷载作用下，将会使桩顶产生水平位移和转角，桩身产生弯曲应力，桩侧土受侧向挤压，最终导致桩身或地基破坏。由水平荷载引起的桩身变形通常有两种类型：

1）当地基土松软、桩身短，即桩的刚度远大于土层刚度时，桩身挠曲变形不明显，桩身如同刚体一样绕桩轴上某一点而转动。当桩侧土在桩全长范围内超过地基的屈服强度时，桩将产生大变位而丧失承载力。此时基桩的水平向承载力由桩侧土的强度及稳定性决定。此类桩称为刚性桩。承受水平荷载的墩或沉井基础也可视作刚性桩（构件）。

2）当地基土较密实、桩入土较深，即桩的相对刚度较小时，桩身挠曲变形较明显（其侧向位移随着入土深度增大而减小），桩身可能在弯矩较大处发生断裂或桩发生过大的侧向位移而破坏。此时基桩的水平向承载力由桩身材料的抗弯强度或侧向变形条件决定。此类桩称为弹性桩。桥梁桩基础的桩多属弹性桩。

2. 弹性桩和刚性桩的破坏形式

一般情况，刚性桩的破坏实质是桩侧土的破坏；弹性桩则主要是桩身材料的破坏。另外，基桩破坏形式还与桩顶约束条件有关。

（1）刚性桩的破坏

对于桩顶自由的刚性桩，将产生全桩长的刚性转动。绕桩身下部一点 O 转动时，O 点上方的土层和 O 点下方至桩端间土层分别产生了被动抗力，这两部分作用方向相反的土抗力构成力矩以共同抵抗桩顶横向荷载的作用，并构成力的平衡。当横向荷载达到一定值时，桩侧土开始屈服，随着荷载增加，逐渐向下发展，直至土抗力构成的力矩不足以抵抗桩顶横向荷载，此时刚性桩因转动而破坏。当桩身抗剪强度满足要求时，桩体本身不发生破坏，故其水平承载力主要由桩侧土的强度控制。另外，当桩径较大时，尚需考虑桩底土偏心受压时的承载能力。

对于桩顶受到承台或桩帽约束而不能产生转动的刚性桩，桩与承台将一起产生刚体平移，当平移达一定限度时，桩侧土体屈服而破坏。

（2）弹性桩的破坏

弹性桩的破坏机理与刚性桩不同，由于桩的埋入深度较大，桩下段几乎不能转动。在横向荷载作用下桩将发生挠曲变形，地基土沿桩轴从地表向下逐渐地出现屈服。桩体上产生的内力随着地基的逐渐屈服而增加，当桩身某点弯矩超过其截面抵抗矩或桩侧土体屈服失去稳定时，弹性桩便趋于破坏，其水平承载力由桩身材料的抗弯强度和侧向土抗力所控制。

当桩顶受约束时，其破坏状态也类似于上述弯曲破坏，但在桩顶与承台嵌固处也会产生较大的弯矩，因此，基桩也可能在该点破坏。

此外，桩体发生转动或破坏之前，桩顶将产生水平位移，并且该水平位移往往使所支承结构物的位移量超出容许范围或使结构不能正常使用，因此设计时还必须考虑桩顶位移是否满足上部结构的容许变形值。

综上可见，桩的刚度影响着挠度，决定了桩的破坏机理，是影响单桩横向承载能力的主要因素之一。大量研究表明，影响单桩横向承载能力的因素很多，其中荷载的类型（如持续的、交替的或是振动的）对桩土体系的变形性能也具有一定的影响。

（二）循环荷载作用下桩的工作特性

例如外海建筑物承受波浪荷载作用，就是属于循环荷载性质。由试验可知，在循环荷载作用下桩的水平位移会有明显的增大。增大的主要原因是：

1）埋置在弹塑性土体中的桩因循环荷载次数的不断增加而使桩的累积残余变形加大。

2）循环荷载的作用降低了土体的刚度和强度，即产生循环荷载下的土退化。在桩的水平位移增大的同时，土的水平地基反力系数减小，水平承载力降低。其减小和降低的程度与土质、循环次数等因素有较大关系。试验研究表明：

①浅层土的土抗力降低较多，深层土的土抗力降低较少。

②黏性土的土抗力降低较多，砂性土的土抗力降低较少。

③土抗力随循环次数的增加而降低，但循环次数达一定数值（如40 ~ 50次）后趋于稳定。

④桩在双向循环荷载作用下的承载力比单向循环荷载作用下的承载力低，但在加载方向的桩列上，双向循环荷载作用下前后桩 p-y 曲线之间的差别比静载（或单向循环荷载）作用时小；循环次数对前、后桩 p-y 曲线之间的差别影响不大。实际工程中，循环荷载作用下的前、后桩可按循环荷载作用下的单桩考虑。

水平循环荷载对桩的影响日益受到人们的重视，但现有的分析方法中，只有 py 曲线法能考虑循环荷载的影响，其解答也只能给出循环荷载下桩性状的包络线。关于循环荷载作用下桩的性状还有待于进一步研究。

（三）桩的计算宽度

由试验研究分析得出，桩在水平外力作用下，除了桩身宽度范围内桩侧土受挤压外，在桩身宽度以外的一定范围内的土体都受到的一定程度的影响（空间受力），且对不同截面形状的桩，土受到的影响范围大小也不同。为了将空间受力简化为平面受力，并综合考虑桩的截面形状及多排桩桩间的相互遮蔽作用，将桩的设计宽度（直径）换算成实际工作条件下相当的矩形截面桩的宽度，称为桩的计算宽度。

（四）水平受荷桩基的群桩效应

1. 桩的相互影响效应

群桩中各桩之间存在相互影响，这种相互影响导致地基土的水平抗力性能的弱化，使水平抗力系数降低，并使各个桩的荷载分配不均匀。群桩的模型试验和现场观测均证明，离推力最远的前排桩受到的土抗力最大，分配到最大的水平力；靠近推力的后排桩受到的土抗力最小，分配到的水平力最小，即在荷载作用方向上的前排桩分配到的水平力最大，末排桩受到的水平力最小。

这是因为前排桩前方的土体处于半无限状态，土抗力充分发挥，前排桩所受到的土抗力一般均等于或大于单桩，也即前排桩的水平承载力约等于或大于单桩。中间桩与末排桩则存在群桩效应。因此，在设计时前排桩取单桩承载力是偏于安全的，其他桩则应予以折减。为了提高桩基水平承载力也可对前排桩（水平力多变时则是外围桩）采取加大桩径或加强配筋的做法。

桩的相互影响的机理是在水平荷载作用下土中应力的重叠。应力重叠随桩距的减小与桩数的增加而增强。由于应力重叠的方向性，使桩（排）沿水平荷载作用方向上的相互影响远大于垂直于水平荷载方向的相互影响，当这两个方向的桩距分别小于 8d 和 2.5d 时，土抗力系数应考虑折减。

2. 桩顶约束效应

桩顶和承台的连接状况极大地影响群桩中各桩的荷载分配以及桩顶位移。对荷载分配的影响见后文的计算分析，对位移的影响如下：桩顶自由时，桩顶无约束，桩顶位移较大（最大位移在桩顶处）；桩顶与承台铰接时，虽无桩顶约束弯矩但有剪力，使桩顶位移相对桩顶自由时要减小；桩顶与承台刚性连接（嵌固）时，抗弯刚度将大大提高，桩顶嵌固产生的负弯矩将抵消一部分水平力引起的正弯矩，使桩身最大位移和位移零点的位置下移，从而使土的塑性区向深部发展，使深层土的抗力得以发挥，这就意味着群桩承载力提高，水平位移减小。

由于各个行业的技术要求不同，桩嵌入承台的长度不同，因而承台的约束影响也不相同。建筑桩基行业规定桩的嵌入承台的长度比较短（50 ~ 100mm），承台混凝土为二次浇筑，桩的主筋锚入承台为30d（d

为钢筋直径），这种连接比较弱。因此，在比较小的水平荷载作用下，桩顶周边混凝土可能出现塑性变形，形成传递剪力和部分弯矩的非完全嵌固状态。此时桩顶的约束是一种既非完全自由状态也非完全嵌固状态的中间状态，在一定程度上能够减小桩顶位移（相对于完全自由状态而言），又能降低桩顶约束弯矩（相对于完全嵌固状态）。有试验结果表明，与完全嵌固状态相比，由于桩顶的非完全刚性连接，导致桩顶弯矩降低为完全嵌固时理论值的 40% 左右，桩顶位移增大约 25%。

3.承台侧向抗力效应

当桩基受水平力作用而产生位移时，面向位移方向的承台侧面将受到土的抗力作用，由于桩基承台的位移较小，其数量级不足以使土体达到被动极限状态，尚处于弹性阶段。因此，承台侧面的土抗力可以用线弹性土反力系数方法计算。

二、水平受荷桩基计算方法概述

水平受荷桩基的内力与位移计算方法主要有静力平衡法、弹性地基梁法、弹塑性分析法、弹性理论法等，详见表 2-1。

表 2-1 水平受荷桩基计算方法概况

计算方法	基本原理
静力平衡法： 极限地基反力法 地基反力系数法 $\Big\} p = f(z)$	该类方法按作用在桩上的外力及其抗力的平衡条件来求解。不考虑桩本身挠曲变形
弹性地基梁法： 弹性地基反力法（$p = ky^n$）线弹性地基反力法（$p = ky$）{单参数法（如 $k = mz$）双参数法} 非线弹性地基反力法	该类方法是建立梁的弯曲微分方程。其微分方程解法有解析法、迭代法、差分法、有限单元法。其中线弹性地基反力法可有解析解，而复合地基反力法的 p-y 函数复杂，一般不可用解析法
弹塑性分析法：复合地基反力法（py 曲线法）（实测及试验得到 py 关系）	
弹性理论法	该方法类似竖向受荷桩的弹性理论法，即根据土位移和桩位移相等来求解

静力平衡法又分为极限地基反力法和地基反力系数法，常用于刚性桩的计算。该类方法不考虑桩本身的挠曲变形，是按照作用在桩上的外力及其抗力的平衡条件来进行求解的。

　　弹性地基梁法又称为弹性地基反力法，包括线弹性地基反力法和非线弹性地基反力法，常用于弹性桩的计算。该方法是假定土为弹性体，用梁的弯曲理论来求桩身内力及位移的。弹性地基反力法的具体解法大致又分为三种。一种是直接求解桩的挠曲微分方程，上述介绍的 m 法就是采用这种方法，m 法也是当前较普遍采用的方法。另两种是有限差分法和有限单元法。有限差分法是将桩分成若干个单元，用差分式近似地代替桩身挠曲微分方程中的导数式，它属于数学上的近似。有限单元法也是将桩划分为若干单元的离散体，然后根据力的平衡和位移协调条件，解得桩的各部分内力和位移，它属于物理上的近似，划分的单元越多，所得的结果也就越精确。

　　弹塑性分析法又称为复合地基反力法，此时不再假定土为弹性体，桩身位移 y 与土抗力 p 之间的关系可采用实测等方法来确定，称为 p-y 曲线法。该方法的求解实质上与弹性地基梁法相同，也是建立梁的挠曲微分方程，但由于 p-y 曲线的复杂性，因而不能直接求解梁的挠曲微分方程，只能采用迭代法、有限差分或有限单元法求解。

　　弹性理论法类似竖向受荷桩的弹性理论法，即将桩分为若干微段，根据土位移和桩位移相等来求解。

第二章 预制钢筋混凝土桩的施工

第一节 预制钢筋混凝土桩

一、预制钢筋混凝土桩概述

预制混凝土桩的形式，按长度可分为多节桩或单节桩，按材料可分成预应力混凝土桩和普通混凝土桩，按构造可分为空心混凝土桩与实体混凝土桩，按沉桩方法有锤击沉桩、振动沉桩和静力沉桩。本节以钢筋混凝土方桩为例介绍沉桩的施工工艺，其他桩形施工方法类似，不再重复。

预制钢筋混凝土桩结构坚固耐久，可按需要制成不同尺寸的截面和长度，能承受较大的竖向荷载和施工锤击应力，且不受地下水和潮湿变化的影响，施工质量较其他桩型易于控制，在建筑基础工程中应用广泛。随着我国大规模经济建设的发展，适应重型厂房、高层建筑以及大型桥梁工程的需要，预制桩的施工工艺和机械设备不断进步和更新，设计经验日益丰富和成熟，各项科研成果促进了设计、施工技术水平的提高。目前，普通钢筋混凝土桩的截面尺寸可达 800mm × 800mm，预应力混凝土空心管桩已可生产最大直径 1200mm 并投入使用。预制桩的沉桩深度可达 80m 以上。

由于现代城市对环境保护的要求日趋严格，对沉桩噪声、振动、挤土等的监控、检测和防护措施综合技术有了很大发展。迄今，预制钢筋混凝土桩仍然是我国工程建设中应用最多、最为普及的桩型。

二、预制钢筋混凝土桩的常用规格

钢筋混凝土实心桩，断面一般呈方形。桩身截面一般沿桩长不变。实心方桩截面尺寸一般为 200mm × 200mm ～ 600mm × 600mm，码头方桩的尺寸为 800mm × 800mm。

钢筋混凝土实心桩桩身长度：限于桩架高度，现场预制桩的长度一般在 25 ~ 30m 以内。限于运输条件，工厂预制桩，桩长一般不超过 12m，否则应分节预制，然后在打桩过程中予以接长。接头不宜超过 2 个。

钢筋混凝土实心桩的优点：长度和截面可在一定范围内根据需要选择，由于在地面上预制，制作质量容易保证，承载能力高，耐久性好。因此，工程上应用较广。

混凝土管桩一般在预制厂用离心法生产。桩径有 φ300、φ400、φ500mm 等，每节长度 8m、10m、12m 不等，接桩时，接头数量不宜超过 4 个。管壁内设 φ12 ~ 22mm 主筋 10 ~ 20 根，外面绕以 φ6mm 螺旋箍筋，多以 C80 混凝土制造。混凝土管桩各节段之间的连接可以用角钢焊接或法兰螺栓连接。由于用离心法成型，混凝土中多余的水分由于离心力而甩出，故混凝土致密、强度高、抵抗地下水和其他腐蚀的性能好。混凝土管桩应达到设计强度 100% 后，方可运到现场打桩。堆放层数不超过三层，底层管桩边缘应用楔形木块塞紧，以防滚动。

三、预制钢筋混凝土桩的制作

（一）普通钢筋混凝土桩

普通钢筋混凝土桩一般有实心方桩和空心管桩两种，方桩截面通常为 200 ~ 800mm。单根桩的最大长度可根据打桩架的高度、地质条件、预制场所、运输能力等条件而定。常用桩的长度限制在 27m 以内；特殊需要时，可达 31m。无高桩架打设长桩时，可将桩分节预制，在沉桩过程中进行接桩。方桩可在工厂或施工现场制作，管桩则在工厂内以离心法制成，较之实心桩可减轻桩的自重和节约材料。目前，工厂生产的管桩常用直径为 400 ~ 800mm，试生产已达 1200mm。桩的混凝土强度等级一般为 C60 ~ C80。特殊情况下，可到 C100。钢筋混凝土桩的制作应综合考虑工艺条件、土质情况、荷载特点等因素。

1. 粗细骨料及水泥的选用

粗、细骨料应满足水工混凝土的技术要求，以提高混凝土的密实度和抗拉强度，保证抗渗性、抗冻性、抗蚀性。粗骨料宜选用强度较高、级配良好的碎石或碎卵石,尤其是用于锤击的预制桩。其最大颗粒粒径不大于桩截面最小尺寸的1/4,同时不大于钢筋最小净距的3/4。粗骨料粒径宜为5～40mm。

细骨料宜选用中粗砂。砂、石的质量标准及检验方法应符合相应的规范要求。

水泥强度等级不宜低于32.5级。有抗冻要求时宜选用强度等级不低于42.5级。根据工程特点和环境条件所选用的普通硅酸盐水泥、矿渣水泥、快硬硅酸盐水泥,应符合相关的质量检验标准。

为了减少拌合用水,以防止裂缝,节约水泥,并便于运输及浇筑,可在混凝土中掺加减水剂或其他外加剂。掺用的外加剂应符合有关标准,并经试验符合要求方可使用。

2. 模板的制备及安装

选用模板的类型和构造必须有足够的强度、刚度及稳定性,以保证桩的外形尺寸准确,成型面光洁。模板构造力求简单及安装拆除方便,并满足钢筋的绑扎与安装以及混凝土的浇筑及养护等工艺要求。宜选用定型耐久的装配式模板。模板的拼缝应严密、不漏浆。

模板及其支架的材料可选用钢材、木材、混凝土,并尽可能避免使用土模。其材质符合相关技术标准的规定。模板及支架应妥善保管维修,钢模板及钢支架应防止锈蚀。模板及支撑的制作安装要平直、牢固,其允许偏差应符合施工规范的要求。安装时脚手架等不得与模板或支架相连接。若模板安装在基土上,必须坚实并有排水措施。

模板与混凝土的接触面应清理干净,并涂刷脱模剂,以保证混凝土质量并防止脱模时粘结。

模板吊运安装的吊索应按设计规定。固定在模板上的预埋件和预留孔洞位置准确,不得遗漏并安装牢固。

3. 钢筋的制备和绑扎

钢筋的品种和质量,焊条、焊剂的牌号和性能,以及桩靴、桩帽中使用的钢板和型钢必须符合设计要求和现行国家标准的规定,并应具有厂质量证明书或试验报告。钢材的机械性能必须符合设计要求和《混凝土结构工程施工质量验收规范》的规定。钢筋焊接接头焊接制品的机械性能试验结果必须符合《钢筋焊接及验收规程》的规定。

钢筋在运输和储存时，必须保留标牌，并按批分别堆放整齐，避免锈蚀和污染，预制桩的吊环必须采用未经冷拉的 HPB300 级热轧钢筋。

钢筋的加工包括调直、去锈、画线、剪切、冷加工、弯曲、焊接等工序。加工的规格、形状、尺寸、数量、接头设置及允许偏差都必须符合设计要求和施工规范的规定。钢筋的表面应洁净、无损伤，油渍、漆污和铁锈等应在使用前清除干净。

钢筋连接应采用对焊，不得采用绑扎和搭焊。焊接前，必须根据施工条件进行试焊，合格后方可施焊。焊工须持有焊工证。

钢筋网片和骨架的绑扎及焊接质量，以及接头尺寸的允许偏差应符合建筑工程质量验收标准及钢筋焊接规程的规定。在同一截面的接头数量不得超过 50%，且同一根钢筋两个接头的距离应大于 30 倍直径并不小于 500mm。钢筋骨架和桩帽、桩靴、预埋件以及混凝土保护层的允许偏差应符合设计要求。

冬期施工，钢筋进行冷拉时温度不宜低于 −20℃。钢筋的冷拉设备、仪表和工作油液，应根据环境温度选用并应在使用温度下进行配套检验。钢筋的焊接宜在室内进行，如必须在室外焊接时，其最低气温不宜低于 −20℃ 且应有防雪、挡风措施。焊后的接头，在冷却前严禁接触冰雪。

钢筋骨架的运输，应根据骨架长度、重量及刚度，结合工地条件，采用相应的吊运方式。若钢筋骨架的刚度不够时，吊运过程中应临时加固或设计加工专用的吊运机具，以防止钢筋骨架产生过大的变形。钢筋骨架的吊点应设在钢筋骨架的重心处，且吊点处宜使用加强筋，吊运时应保持平稳，防止摆动或脱落。吊装就位时，应保证钢筋骨架位置准确，不产生变形，并保持钢筋保护层的厚度。浇筑混凝土前，必须按照设计图和规范进行检查，并做好隐蔽工程验收记录。

4. 混凝土的制备、运输、浇捣、养护

混凝土的制备，包括配合比设计，原材料的备存、称量，配料、搅拌及卸料。混凝土配合比的选择，应满足设计强度等级、施工和易性及水工混凝土的要求，合理使用材料和节省水泥，应通过计算和试配确定，并考虑现场实际施工条件的差异和变化进行合理调整。配合比设计，应分别符合普通混凝土和泵送混凝土有关规范的规定。

（1）碎石最大粒径与输送内径之比宜小于或等于 1∶3；卵石宜小于或等于 1∶2.5。

（2）通过 0.315mm 筛孔的砂应不少于 15%，砂率宜控制在 40%～50%。

（3）最小水泥用量宜为 300kg/m³；最大不宜超过 500kg/m³。

（4）混凝土的坍落度宜为 8～18cm。

（5）混凝土内宜掺加适量的外加剂。

混凝土的最大水灰比、浇筑时的坍落度均应符合有关规范的规定，并尽可能采用较小水灰比的干硬性混凝土。

混凝土必须严格按照设计或试验得出的重量比配料。称量要准确，称量器具应符合计量要求。材料称量的允许偏差应符合：

（1）水泥：±2%；

（2）粗细骨料：±3%；

（3）水、外加剂溶液：±2%。

对粗细骨料的含水量应经常测定，及时调整拌合用水量。

现场制桩混凝土搅拌站的位置应力求缩短混凝土的运距，出料口高程要适应运输和浇筑机械的运行操作。

混凝土搅拌站的工艺布置，应根据生产量，储存、设备状况，地形环境以及砂石料水泥堆场等条件，因地制宜确定。

混凝土的运输方式及设备选择，可按地形、运距、浇筑强度、结构体形及气候条件而定。混凝土在运输过程中，应保持其均匀性，不允许有离析现象。浇筑时坍落度应符合规定，否则必须在浇筑前进行二次搅拌，并且不允许发生初凝现象。

混凝土出料、运输直到浇筑完毕，延续时间不得超过有关规定。冬、夏期和雨期施工尚应采取防冻、防止水分蒸发及防雨措施。

混凝土应由桩顶向桩尖连续浇筑，如发生中断，应在前段混凝土凝结前将余段混凝土浇筑完毕。间歇允许最长时间与水泥品种及混凝土凝结条件有关，不得超过《混凝土结构工程施工规范》的规定。浇筑及振捣混凝土时，应经常观察模板、支架、钢筋预埋件和预留孔洞的情况。当发现有变形、移位时，应立即停止浇筑，并应在已浇筑的混凝土凝结前修整完好才能继续浇筑。浇筑混凝土时应填写施工记录，并按混凝土强度检验评定标准，取样、制作、养护和试验混凝土强度的试块。桩制作的尺寸允许偏差应符合施工规范规定，桩的质量检查应按规定做好记录。在检验前，不得修补桩的质量缺陷。

桩的检验应结合浇筑顺序逐根进行，验收时应具备下列资料：

（1）桩的结构图；

（2）材料检验记录；

（3）钢筋和预埋件等隐蔽验收记录；

（4）混凝土试块强度报告；

（5）桩的检查记录；

（6）养护方法等。

5. 混凝土的养护和拆模

混凝土的养护方法分自然养护、常压蒸汽养护和高温高压养护。

自然养护：在自然温度下（+5℃以上）浇水进行养护。对于普通混凝土，应在浇筑后 12h 内，在外露面上加以覆盖和浇水。对于干硬性混凝土，应在浇筑后的 1 ~ 2h 立即覆盖浇水养护。浇水养护的时间以达到标准条件下养护 28d 强度的 60% 左右为度。用普通水泥和矿渣水泥时，不得少于 7 昼夜。施工中掺外加剂的混凝土不得少于 14 昼夜。浇水次数应能保持混凝土有足够的润湿状态。

模板的拆除时间，应根据施工特点和混凝土所达到的强度来确定。如设计无特殊要求时，应符合施工规范的规定。拆下的模板及其配件，应将表面的灰浆、污垢清除干净并维护整理，注意保护，防止变形，以供重复使用。

已浇筑的混凝土强度达到 1.2MPa，方可供施工人员走动和安装模板及支架。冬期施工时，应对原材料的加热、搅拌、运输、浇筑和养护过程等进行热工设计计算，并应按要求施工。混凝土在受冻前，其抗压强度不得低于下列规定：

（1）硅酸盐水泥或普通硅酸盐水泥配制的混凝土为设计强度等级的30%；

（2）矿渣硅酸盐水泥配制的混凝土为设计强度等级的40%。

配制冬期施工的混凝土宜优先选用硅酸盐水泥或普通硅酸盐水泥。水泥强度等级不应低于42.5级，最小水泥用量不宜少于300kg/m³。水灰比不应大于0.6。使用矿渣硅酸盐水泥，宜优先考虑采用蒸汽养护。

冬季浇筑的混凝土，宜使用引气型减水剂，含气量控制在3%～5%，以提高混凝土的抗冻性能，并不得掺入氯盐。

混凝土在浇筑前，应清除模板和钢筋上的冰雪，运输和浇筑混凝土用的容器应有保温措施。采用加热养护时，混凝土养护前的温度不得低于2℃。

冬期不得在强冻胀性地基土上制桩，在弱冻胀性地基土上浇筑时，基土应保温，以免受冻。

冬期浇筑具有钢接头的钢筋混凝土桩时，宜先将钢接头结合处的表面加热到正温，并应养护至设计要求强度的70%。

养护混凝土的蒸汽温度，采用普通硅酸盐水泥时不宜超过80℃；采用矿渣硅酸盐水泥时可提高至85～95℃。蒸汽养护宜使用低压饱和蒸汽，加热应均匀，并须排除冷凝水和防止结冰。基土不应受水浸，掺有引气型外加剂的混凝土不宜采用蒸汽养护。采用暖棚法养护时，棚内温度不得低于5℃，并应保持混凝土表面湿润。模板的保温层，应在混凝土冷却到5℃后方可拆除。当混凝土与外界温差大于20℃时，拆模后的混凝土表面应临时覆盖，使其缓慢冷却。

（二）预应力钢筋混凝土桩

1.预应力混凝土的材料

粗细骨料、水泥及钢筋等原材料的技术要求应满足普通钢筋混凝土桩的标准，一般采用中等粒径的河砂和天然砾石，42.5级～52.5级普通硅酸盐水泥，冷拉热轧螺纹钢筋，钢号为5号钢和25锰硅两种，直径常为16～28mm。选用普通低合金Ⅳ级热轧螺纹钢筋，直径常为12～28mm。

2.模板的制备与安装

模板的技术要求和安装允许偏差应满足普通钢筋混凝土桩的标准。一般均在工厂制造，常采用钢模板。

3. 钢筋的制备和绑扎

钢筋制备和绑扎的技术要求以及安装的允许偏差应满足普通钢筋混凝土桩的标准。

预应力筋的下料长度应由计算确定，并应考虑下列因素：桩的长度、锚夹具厚度、千斤顶长度、焊接接头或镦头的预留量、冷拉伸长值，弹性回缩值、张拉伸长值、台座长度等。

预应力筋在储存、运输和安装过程中，应防止锈蚀及损坏。为了防止钢筋镦头和其他外露钢体生锈，钢筋头宜先涂刷一层环氧树脂胶，并同其他外露钢件一起，再涂刷一层油漆。

锚具按设计规定选型，其锚固能力不得低于预应力筋标准抗拉强度的90%，预应力筋锚固的内缩量不得超过设计规定。

锚具应有出厂合格证明，进场时应按规范规定检查验收：包括外观检查、硬度检验、锚固能力试验报告。

4. 施加预应力

预加应力工艺有先张法、后张法和电热张拉等。先张法比后张法工艺简单，工序少，效率高，易于保证质量，适合于工厂化成批生产，可省去锚具和减少预埋钢件，构件成本也较低，是生产预应力钢筋混凝土桩的主要方法。目前，常用的先张法有台座法（直线配筋）和钢模机组流水法两种。由于台座法设备简单，可采取自然养护。因此，全国各地预制厂都普遍采用。先张钢模机组流水法的特点是以钢模代替台座承受张拉力，机械化程度和生产效率较高，劳动强度低，占用厂房面积小，生产成本较低，目前也逐渐推广使用。

预应力张拉机具设备及仪表，应由专人负责使用和管理，并定期维护和配套校验。压力表的精度不宜低于1.5级。校验张拉设备用的试验机和测力计精度不得低于±2%，并符合计量标准。检验时，千斤顶活塞的运行方向应与实际张拉工作状态一致。张拉设备的校验期限不宜超过半年。如在使用过程中，张拉设备出现反常现象或在千斤顶检修后应重新校验。预应力筋的张拉控制应力孔应符合设计的要求。通常 $\phi 400mm$ 桩有效预应力值为

5MPa 时，张拉控制力为 536kN、φ550 桩，有效预应力值为 5MPa 时，张拉控制力为 792kN。采用应力控制方法张拉时，应校核预应力筋的伸长值。如实际伸长值大于计算伸长值 10% 或小于计算伸长值 5% 时，应暂停张拉，查明原因并采取措施予以调正后方可继续张拉。

5. 混凝土的制备、运输、浇捣、养护

混凝土施工的技术要求和构件的允许偏差以及检验方法，应满足普通钢筋混凝土桩的标准。

四、预制桩的吊运、堆放及运输

（一）预制桩的起吊

预制桩应达到设计强度的 70% 方可起吊，如提前起吊，必须强度和抗裂验算合格。

桩起吊时必须做到平稳，并不使桩体受到损伤。吊点位置和数目应符合设计规定。当吊点少于或等于 3 个时，其位置应按正负弯矩相等的原则计算确定；当吊点多于 3 个时，其位置应按反力相等的原则计算确定。

单节桩长在 20m 以下时，可以采用 2 点吊；为 20～30m 时，可采用 3 点吊。起吊可采用钢丝绳绑扣、夹钳、吊环或起吊螺栓。有时，尚可配合使用吊梁。

（二）预制桩的运输

桩的搬运通常可分为预制场驳运、场外运输、施工现场驳运。

预制桩达到设计强度 100% 后方可运输。如提前运输，必须经过验算合格。

打桩前，将桩运至现场堆放或直接运至桩架前。一般按打桩顺序和进度随打随运，以减少二次搬运。

运桩必须平稳，不得损伤。支垫点应设在吊点处，不得因搬运使桩身产生的应力超过容许值。

运桩前，应按验收规范要求，检查桩的混凝土质量、尺寸、预埋件、桩靴或桩帽的牢固性以及打桩中使用的标志是否备全等，运到现场后应进行外形复查。

桩的场外运输，可视运距、工程环境、桩长等条件，选用汽车、拖拉机、火车、驳船等运输工具。预制场内驳运常采用行车、塔式起重机、门式起重机等运输工具，现场内驳运，也可视运距、桩长等条件，选用铁轨平车、托板滚筒、履带式起重机或汽车等运输工具。

（三）预制桩的堆放

堆桩场地要平稳、坚实，不得产生过大或不均匀沉陷。支点垫木的间距应与吊点位置相同，并保持在同一平面上，各层垫木应上下对齐处于同一垂直线上。最下层的垫木应适当加宽。堆桩层数应根据地基强度和堆放时间而定，一般不宜超过四层。不能由于堆存原因，使桩身产生的应力超过容许值，甚至倾倒。

不同规格的桩应分别堆放，堆放位置和方法应根据打桩位置、吊运方式以及打桩顺序等综合考虑。

第二节 锤击法沉桩

一、锤击法沉桩机理

（一）锤击沉桩的原理

锤击法沉桩工作原理是利用桩锤自由下落时的瞬时冲击力锤击桩头所产生的冲击机械能，克服土体对桩的阻力，其静力平衡状态遭到破坏，导致桩体下沉，达到新的静力平衡状态。如此反复地锤击桩头，桩身也就不断地下沉。

（二）桩的下沉机理

打桩时，桩尖刺入土中必然会破坏原状土的初始应力状态，造成桩尖下土体的压缩和侧移，土体对桩尖相应产生阻力。随着桩顶压力的增大，桩尖下土体的变形相应增大，并达到极限状态，形成塑性流动状态。塑性流动时，桩尖处土体形成连续滑动面，土体从桩尖的表面被向下和侧向压缩挤开，桩尖继续刺入并进入下层土体中。在地表面处，部分土体向上隆起，在地面深处由于上覆土层的压力，土体向水平向挤开，使贴近桩周处土体结构完全破坏。在桩周附近的一个区域内，由于较大的辐射向压应力，土体受到了压缩并形成塑性区。弹性和塑性变形区域的大小，取决于土的性质和桩的直径。随着桩的刺入、桩周表面受到由土体的强大法向抗力所引起的桩侧摩阻力的抵抗，当施加于桩头的压力和桩身自重之和大于上述这两部分阻力的总和时，桩就继续贯入土中，直至设计标高，完成全部沉桩过程。

砂性土桩周扰动的范围约为桩径的6倍，黏性土桩周土体按其破坏影响程度一般可分为四区。第Ⅰ区为硬层区厚度约为1cm，在强大挤压力作用下土体由水平层变成很薄的附在沿桩身的硬外壳，土体中的孔隙水大部分被挤出。第Ⅱ区为重塑挤密区，厚度约为0.5～1.5倍桩径，在强大挤压力作用下，土体产生流动变形时，土体遭受破坏被扰动和重塑，并产生很大的超静孔隙水压力，土体也被挤实。地面处土体向上凸起，凸起的高度随桩入土深度、土体性状、土层序列而定，在近第Ⅰ区处，土体结构完全破坏并随着离第Ⅲ区的距离减小，其土体破坏扰动程度也逐渐减小。第Ⅳ区为扰动区，厚度约为3～5倍桩径，土体结构基本保持不变，土体密度和重度有所减小，含水量增加，超静孔隙水压力明显增大。在近第Ⅱ区处，土体结构稍有扰动，并随着离第Ⅳ区的距离减小，土体扰动影响逐渐减小，土体结构趋向保持不变。第Ⅳ区为影响区，距桩中心约4～10m，土的物理性质稍有变化，随着桩的下沉土体中的超静孔隙水压力稍有变化，且随着时间的增长，短期内将会有所增大。

如上所述，打桩产生的重塑扰动区内的土体应力状态已经改变而形成了一个新的应力状态。

黏性土地基中，当桩在相互的重塑挤密区内时，受土体挤出的影响，先打好的桩可能会随着邻近桩施打时的土体挤出而抬高，在打桩停止一段时间后仍会有所抬高，其延续时间与土性有关，颗粒越细则延续时间越长。

二、锤击法沉桩机械设备及衬垫的选择

锤击法沉桩施工机械包括桩锤、桩架、动力装置、送桩杆（替打）及衬垫等，应按工程地质条件、现场环境、工程规模、桩型特性、布桩密集度、工期、动力供应等多种因素来选择。

（一）桩锤

桩锤是冲击沉桩主要设备，有落锤、气动锤、柴油锤、液压锤等类型。

落锤是最传统、简易但比较笨重的桩锤。通常落锤的重量为0.5～2t，用于小直径短桩，锤重以1.5～5倍桩的重量为宜。

气动锤按动力特性分为蒸汽锤和压缩空气锤。按结构特性有单动式、复动式、差动式。按冲击特性有汽缸冲击式、活塞冲击式。目前常用的是单动气缸冲击式蒸汽锤。

柴油锤可分为导杆式、筒式。

液压锤是最新型桩锤，可分为陆地型和海上型。按其工作原理，又可分为专用液压式桩锤和液压动力驱动式桩锤。

1. 选桩锤的一般原则

选择合适的锤型和锤级必须先对桩的形状、尺寸、重量、埋入长度、结构形式以及土质、气象作综合分析，再按照桩锤的特性进行选定，有时几种锤配合使用往往更为有效。但是无论如何都必须使用锤击力能充分超过沉桩阻力的桩锤。桩的打入阻力包括桩尖阻力、桩的侧壁摩阻力、桩的弹性位移所产生的能量损失等。桩重与锤重必须相适应，桩锤和桩重的比值变化会产生不同的打桩效率。如果锤重不足，则沉桩困难，并易引起桩的头部破损。但当用大型锤打小断面的桩时，也会使桩产生纵向压曲或局部破坏。一般情况下相对于桩重，锤重越大，打击效率越高。但应同时考虑工程环境施工进度及费用。

综上所述，选择桩锤的一般原则如下：

（1）保证桩能打穿较厚的土层（包括硬夹层），进入持力层，达到设计预定的深度。

（2）桩的锤击应力应小于桩材的容许强度，保证桩不致遭受破坏。钢筋混凝土桩的锤击压应力不宜大于混凝土的标准强度，锤击拉应力不宜大于混凝土的抗拉强度，预应力桩的锤击拉应力不宜大于混凝土的抗拉强度与桩的预应力值之和。

（3）打桩时的总锤击数和全部锤击时间应适当控制，以避免桩的疲劳和破坏或降低桩锤效率和施工生产率。

（4）桩的贯入度不宜过小。柴油锤沉桩的贯入度不宜小于 1～2mm/击，蒸汽锤不宜小于 2～3mm/击，以免损坏桩锤和打桩机。

（5）按照桩锤的动力特性，对不同的土质条件、桩材强度、沉桩阻力，选择工效高、能顺利打入至预定深度的桩锤。

2. 几种选锤方法

（1）按桩重选用桩锤

锤重一般应大于桩重，落锤施工中锤重以相当于桩重的 1.5 ~ 2.5 倍为佳，落锤高度通常为 1 ~ 3m，以重锤低落距打桩为好。如采用轻锤，即使落距再大，常难以奏效，且易击碎桩头。并因回弹损失较多的能量而减弱打入效果。故宜在保证桩锤落距在 3m 内能将桩打入的情况下，来选定桩锤的重量。

（2）按桩锤冲击力选用桩锤

桩的总贯入阻力 P_u 的大小是与土质、桩型、桩长等因素有关。只有当所选用的桩锤的冲击力 P_k 大于桩的总贯入阻力 P_u 时，桩才能穿透土层打入到预定的深度。但桩锤的冲击力过大将会使桩产生过大的锤击应力而引起桩的破损。

在钢筋混凝土桩施打期间，为防止出现大于 0.2mm 的裂缝，丹麦规范规定，在正常情况下，桩锤的有效落高 $\boxtimes/h$ 应符合相关的数值，而锤重和桩重的比例应不小于表列规定值。对钢桩和木桩也宜按表中规定值选用。

（3）应用波动方程选用桩锤

波动方程分析打桩的主要成果是桩的反应曲线，即沉桩时的静阻力与桩的打入阻力关系曲线，当土质条件相同时，不同的桩锤将具有不同的反应曲线。打入能力是以沉桩单位长度所需锤击数表示，以每击贯入度的倒数计算。从反应曲线的形状可知在桩的打入静阻力不大时，随着桩的贯入度的减小，桩打入后的承载力将迅速随之增大，但当贯入度减小到一定数值后，贯入度的减小只表明桩锤能量不足，而并不意味着桩的承载能力的继续提高，而且会使沉桩进度放慢，施工效率大为降低，甚至损坏桩材和机具，同时也是很不经济的。

选用时先按已知条件确定的计算参数，应用波动方程分析并绘制不同桩锤的相应反应曲线，然后从施工设备所允许的最小工作贯入度得出与不同桩锤反应曲线的交点，再按照桩的设计极限承载力与不同桩锤反应曲线的交点，就可了解到上述组合范围内能将桩打入并满足设计要求的几种桩锤类型，最后应用波动方程分析计算这几种桩锤所产生的相应的打桩时的最大锤击应力，并考虑施工效率，确定最合适的桩锤类型和锤级。

（二）桩架

桩架由车架、导向杆、起吊设备、动力设备、移动装置等组成。有时按施工工艺要求附有冲水、钻孔取土、拔管、配重加压等特殊工艺设备。其主要功能包括起吊桩锤、吊桩和插桩、导向沉桩。桩架可由钢或木制成，高度按桩长需要分节组装。选择桩架高度应按桩长＋滑轮组高＋桩帽高度＋起锤移位高度的总和另加 0.5 ~ 1m 的富余量。行走移动装置有撬滑、托板滚轮、滚筒、轮轨、轮胎、履带、步履等方式。一般可利用桩架的动力设备或配套设备进行桩架装卸作业和移动桩架。按桩架与桩锤配合作业的特性，桩架可分为支承式、悬挂式、悬吊式等。按沉桩的导向杆形式又可分为无导杆式、悬挂导杆式、固定导杆式等。

根据工程要求选择桩架一般依据下列因素：

（1）桩锤的形式、重量、尺寸、通用性；

（2）桩型、桩材、断面形状和尺寸、桩长、接头形式、送桩深度；

（3）桩数、种类、布桩密度、施工精度；

（4）作业空间有无场地宽狭和高度的限制、地形坡度、地面承载力、打入位置、导杆形状；

（5）打桩是连续进行或是间断进行，工期长短；

（6）打桩的顺序；

（7）桩机平台；

（8）施工作业人员的技术管理水平。

总之，按上述各项所选定的适宜的桩架，应满足能装载桩锤、稳定性好、移位机动性强、接地压力满足地基承载力要求、调正位置和角度方便且打入精度高、能将桩打入预定深度、桩架台数少，施工效率高、工费节省等要求。并应注意准备好打桩的辅助设备等。

（三）垫材

1. 垫材的功能

根据桩锤和桩帽类型、桩型、地基土质及施工条件等多种因素，合理选用垫材能提高打桩效率和沉桩精度，保护桩锤安全使用和桩顶免遭破损，确保顺利沉桩至设计标高。

打桩时，垫材起着缓和并均匀传递桩锤冲击力至桩顶的作用。桩帽上部与桩锤相隔的垫材称为锤垫。锤垫与桩锤下部的冲击垫接触，直接承受桩锤的强大冲击力，并均匀地传递于桩帽上。桩帽下部与桩顶相隔的垫材称为桩垫，桩垫与桩顶直接接触，将通过桩帽传递达的冲击力，更均匀地传递至桩顶上。桩垫通常应用于钢筋混凝土桩的施工中。

锤垫常采用橡木、桦木等硬木按纵纹受压使用。有时也可采用钢索盘绕而成。近年来也有使用层状板及化塑型缓冲垫材。对重型桩锤尚可采用压力箱式或压力弹簧式等新型结构式锤垫。桩垫通常采用松木横纹拼合板、草垫、麻布片、纸垫等材料。

垫材经多次锤击后，会因压缩减小厚度，使得密度和硬度增加、刚度也就随之增大，这一现象在桩垫中更为显著。保持垫层的适当刚度可以控制桩身锤击应力，提高锤击效率。尤其是对钢筋混凝土桩更为重要。若垫材刚度较大，则桩锤通过垫材传递给桩的锤击能量也会增加，从而提高打桩能力，锤击应力也将相应地增大。反之，若垫材刚度较小，则桩的锤击应力可减小，且能使桩锤对桩的撞击持续时间有所延长，当桩锤的打桩能力大于桩的贯入总阻力时，这将有利于桩的加速贯入和提高效率。

2. 垫材的选择

选用垫材的方法有以下三种：

（1）按力学理论分析的刚度控制图解法（安特逊－马斯太法）

在桩尖处土性、单动蒸汽锤锤重、桩重、桩的刚度、落锤高度等参数基本确定后，可应用应力波原理力学理论分析所制定的应力图解表及刚度图解表，查表计算确定所需垫层的适宜刚度，再按所选垫材材料来确定垫材的厚度。此法尚可检验垫材压缩后的厚度，以便于适时更换垫层，避免产生过大锤击应力而造成桩的开裂和破损。

计算时先按有关条件由打桩动应力图解表中查得系数 β 值，再按桩的重量与桩锤活动部分重的比值，由垫材刚度图解表中查得桩与垫层的刚度比，然后由刚度比与桩的刚度的乘积求得垫层刚度 E_c/H_c，再按所选用的垫材的弹性模量 E_c 计算得到垫层的厚度 H_c 值。

（2）波动方程分析计算法

垫材由于受到桩锤的反复加载与卸载作用。在材料内部阻尼作用下应力与应变或受力与变形量之间存在着一定的关系。

通过动态与静态条件下的对比试验可知，一般垫材材料的动应力－应变关系与静态时较接近，因而常可采用静力试验的方法来进行测定。不同材料及不同厚度的垫材，其弹簧系数和恢复系数是不相同的。

土层受力在任何情况下均认为不能承受拉力，垫材的重量较轻，在计算中一般可略去不计。当锤型和锤级、桩型、土性、垫材的弹簧系数均确定后，即可按波动方程求得垫材材料的恢复系数 e，再由选用的垫材材料、桩型、锤型和锤级、土性，按波动方程分析计算的反应曲线来选用满足锤击应力及桩的承载力的垫材的厚度。当桩垫和锤垫都使用时，可先按经验确定合适厚度的锤垫，然后再按波动方程选用桩垫的合适厚度。

三、锤击法沉桩施工

（一）打入桩施工工艺

打入桩施工工艺分为冲击沉桩与振动沉桩。冲击沉桩是最早、最普遍应用的基本方法。随着重型建筑物的发展，要求桩基础提供更大的承载能力，桩的断面和长度相应增大，从而要求使用大能量的桩锤。锤击引起的噪声、振动、地层扰动、废气、溅油、烟火等公害问题也愈来愈严重。尤其是在城市建设中，对公害污染的限制要求愈来愈高，因而，发展了静力压桩沉桩工艺。

当施工机械设备能力足以克服桩的贯入阻力，且无特殊的公害限制要求时，如工程环境又适宜于沉桩，设备的运入，采用冲击沉桩法或振动沉桩法，将可获得较好的技术经济效益和缩短工期。冲击沉桩法比振动沉桩法施工简便、迅速，且能在沉桩过程中克服更大的贯入阻力，桩基础也将获得更高的承载力。冲击沉桩法的最大缺点是噪声和振动以及对土体的挤压，使用柴油锤时还会产生溅油等污染。振动沉桩法噪声较小，但对地基的振动影响较大，在密集建筑群中同样会产生挤土影响和危害。当环境影响限制较严时，往往采用低噪声、低振动及少挤土的其他沉桩方法。如静力压桩法、掘削施工法、埋入法、中掘法、预钻孔法、螺旋压入法等。也可采用减振和降低噪声的措施，如消声墙、防振壁及消振装置以及冲水辅助沉桩等。为减少噪声和溅油等公害也可采用消声罩（全封闭型和锤体封闭型）。

冲击沉桩使用的桩锤有自由落锤、气动锤、柴油锤、液压锤等。落锤沉桩是最原始、简易的施工法，由于落锤冲击能较小，其沉桩穿透能力较弱、工效低。一般用于软弱黏性土地基中、桩数较少且桩径小于40cm、桩长10m以内的小型桥梁和民用建筑中的短桩基础。采用重型落锤时，桩径（边长）不大于50cm。桩长可达20m左右，但此时应采用低落距锤击，以防止桩头破损。由于落锤沉桩法施工简易、维修方便、施工准备周期短、可在狭小场地作业、设备轻、对场地要求不高，因而应用仍较广泛。但落锤打入桩精度较差，且易产生偏心，施工中应予以注意。

液压锤沉桩适用于各类土层和桩型，具有较好的打斜桩能力、无废气污染危害、噪声和振动均较小、打桩效率高（一般比气动锤和柴油锤工效高40%～50%）、可根据土质情况及桩材料的强度随时调节控制桩锤的冲击力、施工时可不设置桩垫、桩的打入精度高。此外，打桩过程中获得桩锤冲击力以适应地层的变化和取得贯入阻力指标，既能保证冲击能量的充分发挥而又不损害桩体，还可按贯入阻力确定桩是否打至预定的土层。但由于液压锤设备及施工费昂贵、施工管理要求高、维修保养困难，需设置专用打桩机和强大的动力源，且对环境影响也较大。目前主要应用于大型桩基础工程中。

如上所述，选择适当的施工工艺和锤型与地基土性有关，包括地基土的软硬程度、持力层深度、有无硬夹层及漂砾石等，以确定沉桩的可行性。此外，还应弄清地表面的倾斜、施工作业面的大小、持力层的倾斜程度、地基的容许承载力、中间层的特性，以及现场条件和环境，如邻近地下管线及建筑物、大型设备运输进场条件等。

（二）沉桩施工准备

沉桩施工准备工作主要内容如下：

（1）选择沉桩机具设备，进行改装、返修、保养，并准备运输。

（2）现场制桩或订购构件、加工件的验收，并办好托运。

（3）组织现场作业班组的劳动力，按计划工种、人数、需用工日配备齐全，并准备进场。

（4）进入施工现场的运输道路的拓宽、加固、平整和验收。

（5）清除现场妨碍施工的高空、地面和地下障碍物。

（6）整平打桩范围内场地，周围布置好排水系统，修建现场临时道路和预制桩场地。

（7）对邻近原有建筑物和地下管线，认真细致地查清结构和基础情况，并研究采取适当的隔振、减振、防挤、监测和预加固等措施。

（8）布置测量控制网、水准基点，按平面图放线定位。设置的控制点和水准点的数量应不少于2个，并应设在受打桩影响范围之外。

（9）根据施工总平面图，设置施工临时设施，接通供水、电、气管线，并分别通过试运转正常。

（三）沉桩施工

设备进场后，进行安装和调试，然后移机至起点桩位处就位。桩架安装就位后应垂直平稳。

在打桩前，应用2台经纬仪对打桩机进行垂直度调正，使导杆垂直。并应在打桩期间经常校核检查，随时保持导杆的垂直度或设计角度。桩按施工组织设计要求轴向或斜角正确地堆置于预定位置。插桩就位位置及角度是保证直桩或斜桩沉桩精度的关键。正确的插桩方法如下：

（1）按桩位布置地桩，用小木桩、竹桩或圆钢插入桩位中心，就位时将桩尖对准地桩。

（2）以地桩为中心，用石灰画出与桩的外围同形位置，就位时将桩对准同形桩位。

（3）用铁锹挖出与桩同形的浅孔，将桩插入孔内就位。

（4）制作具有与桩外围同形孔洞的工具式木、混凝土或钢制定规，在就位时使用。

（5）使用钢或木制导框等固定桩的中心，避免桩发生偏移。

目前陆上打入闭口桩常采用第一种方法。

吊桩时，要严格遵守安全技术操作规程，防止打桩机倾斜、钢丝绳从桩上脱落或破断、桩和打桩机导管撞击及其他人身事故的发生。插桩后，应调正桩锤、桩帽、桩垫及打桩机导杆，使之与打入方向成一直线，可使用经纬仪（直桩）和角度计（斜桩）测定垂直度和角度。经纬仪应设置在不受打桩机移动及打桩作业影响的地位，并经常与打桩机导杆成直角的移动。桩的打入初期要徐徐试打，在确认桩的中心位置及角度无误后，再转为正式打入。在软土层中，开始将桩打入时，当锤放置在桩顶上常会由于自重使桩自沉大量贯入土中，因此应徐徐将锤放上桩顶，直至桩自沉到某一深度不动为止，再使桩中心不偏移地徐徐打入。在开始锤击作业时，应先进行缓慢的间断试打，直至桩进入地层一定深度时止。间断试打一般为 2 ~ 3m。当打斜桩尤其是大斜角桩时，特别要防止打桩机的重心急剧移动而造成打桩机的坍倒事故。在桩的角度和垂直度得到正确调正以后，即可连续正常施打。打桩初期如桩发生偏斜，可将桩拉起修正或者拔起再重打。重打时，可能仍会向原打入方向偏斜，此时可使用坚固的导材按所定位置及角度打正。打入长桩时，也可在导杆上安装可以升降的防振装置，在桩发生横向振动时，可以防止桩的弯曲变形，并有利于高效率进行打桩作业。

在接桩时，下节桩的地面预留高度一般为 50 ~ 80cm。在下节桩打入后，应检查下节桩的顶部，如有损伤时应适当修复，并将污染在桩顶上的杂物清除掉。在上节桩就位之前，要清除掉上节桩下端接头处所附着的污染物。有变形的桩应修理后再就位。当采用送桩工艺时，送桩和桩顶面要接触紧密平整，以免桩头横向移动或者由于冲击所产生的冲击波的传播不平稳，导致贯入困难。

沉桩应连续施打，避免长时间中断。为了安全施工及避免邻桩就位开始打入时产生偏斜，采用送桩施打的桩孔必须及时填埋密实。

（四）打桩流水和打桩顺序

制定打桩顺序时，应先研究现场条件和环境、桩区面积和位置、邻近建筑物和地下管线的状况、地基土质特性、桩型、布置、间距、桩数和桩长、堆放场地、采用的施工机械、台数及使用要求、施工工艺和施工方法等，然后结合施工条件选用打桩效率高、对环境危害影响小的合理打桩顺序。由于桩的打入，通常会使地基土受到压缩和密度增高，砂性土地基内打桩有使桩周围的土向桩周和下部移动的倾向，软弱黏性土地基内打桩将会产生较高的超孔隙水压力和桩周围的土有向侧向和上部移动的倾向，对环境带来危害。

当工程面积较大，打桩作业部分面积较小时，一般对四周环境影响较小，但对打桩区附近已有的建筑物和地下管线应作具体分析研究。打桩影响的程度与打桩区的面积、桩数、桩长和桩径的大小成正比、与距离成反比。闭口桩大于开口桩。当挡土墙、护岸等和打桩区邻近时，桩群周围受到挡土板桩或柱桩组成的挡土设施限制以及与其他浅埋式基础的建筑物邻接时，由于桩的打入造成四周的土体移动和升降，都可能扰动桩群周围的地基，使这些建筑物移动或变形。因此，打桩顺序宜先在邻近建筑物处周围打桩，后往内部打桩，以利于减小对邻近建筑物的影响。但在与已打入的基桩邻接时，不宜采用此顺序，以免造成已打入桩的变位，甚至造成桩被折断的事故。另外，当桩周土体为黏性土而桩尖持力层为砂性土时，采用此顺序将使已打入的桩随地基土体的隆起而上升，从而产生桩尖与持力层土体脱空的不利现象。这时应注意在打桩时及时测定桩的标高，并在打桩后继续进行观测，必要时需进行复打作业以保证桩的承载能力。

在密集群桩施工时，如由外周向中央部分打桩，由于地基受打桩振动及挤密，将导致后期沉桩困难，尤其在砂性土地基，甚至无法打到预定标高。同时也会使周围已打入的桩受到有害的弯曲应力。因而对密集群桩，常用由中央部位向四周打的方法。或者根据现场堆桩条件，从一面开始打入、平行前进。在斜坡地区，打桩顺序宜由坡顶向坡脚进行。当桩的打入精度要求不同时，一般宜先打入精度要求较低的桩。当沉桩区面积较大或采用多台打桩机进行打桩作业时，尚应考虑桩的堆放及运桩道路，安全的打桩顺序宜采用多流水作业法。当桩的长度、直径、桩顶标高等不同时，为减小桩的变位，可先打长桩、后打短桩，先打大直径桩、后打小直径桩，先打桩顶标高低的桩、后打桩顶标高高的桩。但是，当调整打桩顺序仍然无法避免扰动桩群周围的地基时，应并用掘削法等其他措施。

打桩顺序一般可分为单流水、双流水、三流水、四流水及多流水五类方法。

1. 单流水法

一般用于单台打桩机、桩数不多的工程，可分为单向、双向和角向三种顺序。单向是只有一个固定的前进方向的顺序，常用于邻近没有建筑物或单侧有建筑物。双向是有两个固定前进方向的顺序，常用于邻近有相距不同的建筑物或对变形的敏感程度不同的建筑物。角向是有三个固定前进方向的顺序，常用于打桩区两侧均有邻近建筑物的情况。

2. 双流水法

一般用于两台打桩机或桩数较多且桩区狭长的工程，可分为正向、反向、顺向三种顺序。正向是两个流水前进方向相对的打桩顺序，打桩作业由两侧向中间进行，常用于打桩区两侧均有邻近建筑物。反向是两个流水前进方向相反的打桩顺序，打桩作业由中间向两侧进行，常用于打桩区邻近无建筑物、桩的打入精度要求较高的情况。顺向是两个流水前进方向相同的打桩顺序，常用于施工桩机平台受一定限制，打桩区邻近无建筑物或仅一侧有建筑物的情况。另外，双流水中的每个流水又可按单流水中的顺序进行打桩作业。

3. 三流水法

一般用于多台打桩机、桩数较多且桩区较狭长的工程，可分为单向、分向、合向三种顺序。

单向法常用于工期较紧需进行立体交叉施工作业，且桩区邻近无建筑物或一侧有建筑物的情况。分向法是由里向外进行打入作业的顺序，常用于桩区邻近无建筑物、打入精度要求较高的情况。合向法是属于由外向里打入作业的顺序，常用于打桩区两侧均有邻近建筑物的情况。另外，上述顺序中的单个流水也可按单流水顺序结合具体施工条件进行打桩作业。

4. 四流水法

可分为顺向法、中心开花法、关门合围法三种。

顺向法常用于桩数很多，桩区面积较大而桩机平台受一定限制，桩区四周无邻近建筑物或仅一侧有建筑物的情况，有时也可用于工期较紧需进行立体交叉施工作业且桩区的长度相当长时。中心开花法即由中央向四周进行打桩作业，常用于桩数很多，桩的打入精度要求高，且四周无邻近建筑物的情况，或砂性土地基中桩数较多时。也可用于多台打桩机进行作业。关门合围法即由四周向中央进行打桩作业的方法，可用于桩数较多、桩距较大且桩的布置较稀、桩区四周均有建筑物的情况。但不宜在砂性土地基中采用。另外，上述各种方法的每个流水中的打桩顺序，也同样可按一单流水法结合具体施工条件采用。

5. 多流水法

又称大小流水法，是单流水法中的一种特殊方法。

常用于桩基础或桩距较小且桩布置相对稀密的情况下。一般也可分为单向顺序和双向顺序两种。其应用范围基本上与单流水相同。另外，多流水法也同样可在前述的各种流水法的每个流水中结合具体施工条件采用适宜的打桩顺序进行打桩作业。

综上所述，打桩的顺序随着条件的不同可相

应采用不同的方法，也可在同一个打桩流水中同时采用多种打桩顺序进行作业。通常确定打桩顺序的基本原则是：

（1）根据桩的密集程度及周围环境：

①分区考虑打桩顺序；

②由中间分开向两个方向对称进行；

③由中间向四周进行；

④由一侧向单一方向进行。

（2）根据基础的设计标高：先深后浅。

（3）根据桩的规格：先大后小、先长后短。

（4）根据桩的分布状况：先群桩后单桩。

（5）根据桩的打入精度要求：先低后高。

（五）送桩与接桩

1. 送桩

当桩顶设计标高在地面以下，或由于桩架导杆结构及桩机平台高程等原因而无法将桩直接打至设计标高时，需要使用送桩。送桩应有足够的刚度和较小的变形量，以有效地传递锤击能量给桩。

送桩前，将送桩的下端套在桩顶上，上端置于桩帽下，起替打作用。送桩的规格和强度应能适应桩顶、桩锤及桩帽的构造要求，其外形不致使贯入阻力明显增大，且易于拔出，又尽可能少带起土体。送桩宜坚硬牢固、不产生弯曲变形、能多次重复使用。送桩一般为帽式，采用型钢或钢管与钢板焊接而成。送桩伸出导杆末端的长度最多不宜超过三分之二送桩总长度，以保证送桩施工时桩锤、送桩和桩三者的轴线在一条直线上，以减小偏心影响。当送桩的长度大于 8 ~ 10m 时，也可在送桩一侧上部设置导向脚，送桩施工时沿导杆上下滑移，可减小桩顶偏位。

送桩下端宜设置桩垫，要求厚薄均匀，并尽量与桩顶全断面接触，以免桩顶受力不均匀而发生桩顶破损现象。

2. 接桩

当施工设备条件对桩的限制长度小于桩的设计长度时，需采用多节桩组成设计桩长这些沉入地下的接头，其使用状况的常规检查将是困难的。多节桩的垂直承载能力和水平承载能力将受到影响，桩的贯入阻力也将有所增大。影响程度主要取决于接头的数量、结构形式和施工质量。良好的接头构造形式，不仅应满足足够的强度、刚度及耐腐蚀性，而且也应符合制造工艺简单、质量可靠、接头连接整体性强，与桩材其他部分应具有相同断面和强度，在搬运、打入过程中不易损坏，现场连接操作简便迅速等条件。此外，也应做到接触紧密，以减少锤击能量损耗。

接头的构造分为机械式、焊接式、浆锚式三类。

（1）机械式

机械式接头可分为法兰螺栓连接法、钢帽铁榫连接法、钢帽销键连接法、钢帽凹凸榫连接法等。机械接头的优点是不受气象变化影响，现场连接操作简便迅速。但制造工艺复杂，接头整体性差，打桩时锤击能量损耗较大。尤其是钢帽凹凸榫连接法接头不能承受水平承载力。且对打入精度要求高、耗钢量多、耐腐蚀性差、工费较贵。在搬运打桩过程中，法兰连接桩容易损坏，要求施工技术管理水平较高。其中法兰螺栓连接法常用于管桩，其他可用于方桩。在大型海洋桩基工程中，有时也采用凹凸榫分离式钢接头。

（2）焊接式

可分为钢帽角钢焊接法、钢法兰焊接法、环衬焊接法、剖口对焊法。焊接方式又可分为手工焊、半自动焊和全自动焊。按焊缝布置有立焊和平焊，焊接特性基本上均为电弧焊，且又可分为药粉电焊条电弧焊、自动保护焊丝电弧焊、二氧化硫气体保护电弧焊等。焊接式接头制造工艺较简单、接头整体性强、质量可靠、锤击能量损耗较小。但打入精度要求较高、对操作人员技术要求严、耗钢量较高、施工操作复杂、受气象影响大、工费较贵、耐腐蚀性差。在搬运打桩过程中环衬焊接法桩和剖口对焊法桩容易受损。其中环衬焊接法一般仅用于钢管桩，法兰焊接法常用于钢筋混凝土管桩，钢帽角钢焊接法仅用于钢筋混凝土方桩，剖口对焊法也仅用于 H 型钢桩。

（3）浆锚式

可分为环氧树脂砂浆连接法、快硬高强塑料浆连接法、硫磺胶泥砂浆连接法等。浆锚式接头的最大特点是制作工艺简单、耗钢量少、接头的整体性较好、施工操作较简便迅速、对打入精度要求较低、工效较高、工费省、打桩时锤击能量损耗较小、耐腐蚀性好。但桩在搬运打入过程中较易受损、操作不慎时将对接头的质量产生较大影响。浆锚式接头桩抗水平力较弱。

桩的接头应尽可能避开下述位置：桩尖刚达到硬土层时的位置；桩尖将穿透硬土层时的位置；桩身承受较大弯矩的位置。

为了保证接桩质量和提高工效，还必须做好下述各点：

（1）接桩材料应妥善保管免受损坏。

（2）接桩设备应注意维修保养，使用前应做好检验。

（3）接头位置有方向性时，应先做好对口记号。

（4）桩的接头部位因搬运、操作、打入等原因发生变形时，必须在接桩前进行修理。

（5）接头部位附着水、油垢、污泥、铁锈等有害杂物时，应在接桩前彻底清除。

（6）接桩时应使上下桩的轴线在同一直线上，其错开量和间隙应保持在允许误差内。上下节桩的中心轴线偏移不得大于 5mm，节点纵向弯曲不得大于桩长的 1% 且不大于 20mm。上下桩间隙应尽可能采用薄铁片填实。

（7）重视作业时的天气，并做好对风雨的遮盖。在降雨、降雪和刮大风时，要停止焊接式和浆锚式接桩作业。气温在 0℃以下时，一般须停止焊接式作业，否则需采取预热措施。

（8）接桩作业需求在短时间内完成。在焊接作业时应选定适当的焊接电流、焊接电压及焊接速度。而在浆锚式接桩时，应满足浇筑温度和凝结时间的要求。

（9）为保证接桩质量，应严格遵守各项操作规程。

四、沉桩阻力及停打标准

正确预估沉桩阻力是桩基工程设计施工的技术关键问题之一。为此应先了解沉桩入土过程的贯入机理，便于估算和确定停打标准。

（一）桩的贯入机理

沉桩施工时，桩的贯入过程造成了桩周土颗粒的复杂运动，使桩周土体发生变化，桩尖"刺入"土体中时，原状土的初应力状态受到破坏，造成桩尖下土体的压缩变形，土体对桩尖相应产生阻力，随着桩贯入压力的增大，当桩尖处土体所受应力超过其抗剪强度时，土体发生急剧变形而达到极限破坏，土体产生塑性流动（黏性土）或挤密侧移和下拖（砂性土），桩尖下土体被向下和侧向压缩挤开，桩继续"刺入"下层土体中。随之桩周土体继续被压缩挤开。在地表处，黏性土体会向上隆起，砂性土则会被拖带下沉。在地面深处由于上覆土层的压力，土体主要向桩周水平向挤开，使贴近桩周处土体结构完全破坏。由于较大的辐射向压力的作用也使邻近桩周处土体受到较大扰动影响。此时，桩身必然会受到土体的强大法向抗力所引起的桩周摩阻力和桩尖阻力的抵抗，当桩顶施加的锤击力和桩自重之和大于沉桩时的这些抵抗阻力时，桩将继续"刺入"下沉直至设计标高。反之，则停止下沉。

（二）沉桩时的动态阻力

打桩时，地基土体受到强烈的扰动，桩周土体的实际抗剪强度与地基土体的静态抗剪强度显然有很大差异。此时，地基土体对桩的抵抗阻力是明显不同于静态阻力的动态阻力。这一动态阻力的大小及其沿桩身的分布规律主要与桩型、土质、土层排列、沉桩工艺、桩长、桩数、桩距、施工顺序及进桩速度等因素有关。沉桩时，桩的动态阻力是由动态摩阻力和动态端阻力组成。

1.动态摩阻力

桩在锤击荷载作用下，随着桩的贯入，桩与桩周土体之间将出现相对位移——剪切。由于土体的抗剪强度和桩土之间的黏着力作用，土体对桩周表面产生摩阻力，当桩周土质较硬时，剪切面常发生在桩与土的接触面上，这时摩阻力将略小于土体的动态抗剪强度。当桩周土体较软时，剪切面一般均发生在邻近于桩表面处的土体内，这时摩阻力即为土体的动态抗剪强度。桩周动态摩阻力主要取决于上的性质，包括容重、灵敏度、重塑性能、颗粒级配及其重新排列后的影响程度、渗透性等，取决于桩靴的形式，桩的表面特点，桩的贯入速率，以及土体的侧限应力值等因素。

沉桩过程中，桩周土体的抗剪强度并不完全是常数。在黏性土中，随着桩的贯入桩周土体的抗剪强度将逐渐降低，直至降低到其重塑强度。但在砂性土中，除松砂外桩周土体的抗剪强度变化不大。在多次锤击作用下，由于振动周期荷载、土的残余应力效应、超孔隙水压力等因素的共同影响，随着桩的贯入，桩周土体对桩的摩阻力将急减至最小值。

2. 动态端阻力

桩在锤击荷载作用下，由于土体的惯性和动力特性，土体的动态抗压强度将显著大于静态抗压强度，并取决于桩尖处的端阻尼因素，桩的贯入速度和土质特性。

在黏性土中，桩尖处土体在扰动重塑、超静孔隙水压力、振动的共同作用下，土体的抗压强度将明显下降。在砂性土中，紧密砂将受振动松弛效应影响，土体的抗压强度减小。松砂将受振动挤密效应影响，土体的抗压强度会增大。但对于任何密度的砂土，均存在着一个与初始相对密度相对应的临界压力值，当桩周土体压力对桩尖处土体的压力小于这一临界压力值时，土体将产生松弛效应。反之将产生挤密效应。在成层土地基中，硬土中的桩端动阻力还将受到分界处黏土层的影响。上覆盖层为软土时，在临界深度以内桩端动阻力将随贯入硬土内深度增加而增大。下卧层为软土时，在临界厚度以内桩端动阻力将随贯入硬土的剩余厚度减小而减小。由于桩的尺寸效应和土体的压缩性效应，这一临界值与桩径的比值将随桩径的减小而有所增大。

（三）沉桩阻力的分布规律

沉桩时，当桩顶施加的动荷载能克服桩周动摩阻力和桩端动阻力之和后，桩就贯入下沉。沉桩阻力分布基本图式表明桩周动摩阻力大致可分为上、中、下（即柱穴区、滑移区、挤压区）三部分。

桩贯入下沉过程中，随着桩尖的"刺入"和桩身的横向晃动，桩周土体将沿桩尖向桩侧四周挤开。位于浅层土中的桩周上覆土体的自重压力较小和桩的横向晃动幅度较大，将在桩周上部一定范围内形成土柱空穴，使桩与土体之间产生了缝隙。同时由于沉桩时产生的振动和超静孔隙水压力作用，不仅使桩周土体抗剪强度显著降低，而且沿桩身向上渗流的孔隙水也将在桩土之间产生润滑作用。在这些因素的综合影响下，使桩周几乎没有法向抗力及动摩阻力，桩周上部的动摩阻力必然大幅度地降低，甚至趋近于零，故又称这部分为柱穴区。这一范围占桩入土深度的比值，不仅与桩的入土深度有关，而且也与地基土的初始状态、土层的特性和变形特征、地基土的成层状态、沉桩施工工艺等因素有关。在桩周中部，虽然土体的上覆压力较大，但由于土体的扰动，振动和超静孔隙水压力作用，孔隙水沿桩周的向上渗流等因素的共同影响下，使桩身中部与桩周土体之间形成了一个软化层，这将明显降低桩周土体的抗剪强度。此时，桩周动摩阻力主要是桩在软化层中的滑移阻力，故又称这部分为滑移区。显然这一阻力是明显小于土体的抗剪强度的。这一范围占桩入土深度的比值，主要与桩的入土深度、土层排列的顺序、沉桩施工工艺等因素有关。由于桩贯入下沉时的桩尖效应影响，使邻近桩尖处的桩周土体对桩产生较大的法向抗力，而这必将明显增大桩周的动摩阻力。但又由于土体扰动、振动和超静孔隙水压力作用等因素的影响，桩周土体的抗剪强度也必将降低。但在二者的综合影响下，桩周动摩阻力仍然将明显增大。这时桩周动摩阻力的增大值主要与土质特性、沉桩工艺等因素有关。这个范围的大小主要取决于桩径和土质。

（四）沉桩阻力的估算

预估沉桩阻力一般可分为试打测定法和土质估算法两类。试打测定法常用的有波动方程测定法、大应变动测法、打桩分析仪测定法、液压锤动力测定法等。土质估算法常用的基本方法有静力触探估算法、动力触探估算法、经验动阻力估算法等。

试打测定法中的波动方程测定法、大应变动测法、液压锤动力测定法，都是近代应用波动方程理论来测定桩的贯入动阻力的新方法，运用先进的计算机技术简化大量计算工作。它不仅能使人们更好地理解打桩过程的机理，而且还能测定桩在打入过程中的不同贯入阻力及其沿桩身的分布状况。但是，由于运用波动方程理论进行打桩阻力分析时，需要较精确地掌握桩锤效率系数、桩锤的弹簧系数、垫材的弹簧系数和恢复系数、桩周及桩底土的最大弹性变形值和阻尼系数、桩底阻力占桩总阻力的比例、桩锤的落距、桩的回弹贯入量、桩的贯入加速度等十多种参数，往往需依赖大量的实践对比试验资料，否则将会造成较大的误差。所以目前应用波动方程理论分析打桩阻力虽为测定桩的贯入动阻力提供了较正确的理论方法，但在实际应用中尚应与较成熟的地区性经验和精确测试各种参数的量测方法相结合，才能消除较大的误差，使测定的沉桩阻力较为精确。而且为了估算沉桩阻力，仍须先运入打桩施工设备进行试打。但对打桩施工积累可靠的设计施工经验数据，仍然是有较大价值的。

（五）停打标准的确定

在锤击沉桩施工中，如何确定沉桩已符合设计要求可以停止施打是施工中必须解决的首要问题。

在沉桩施工中，确定最后停打标准有两种控制指标，即设计预定的"桩尖标高控制"和"最后贯入度控制"。影响最后贯入度的因素很多，条件也很复杂。如桩型、桩长、锤型和锤级、落锤高度、锤击频率的变化、锤击能量的变化、桩群密度和数量、施工顺序和进度、施工间歇时间变化、土质及其均匀程度、施工工艺的变化、地下水位的变化、气候变化、桩及桩架导杆倾斜度的变化、桩身挠曲度、锤击偏心程度、垫层刚度及其变化程度等都将会引起最后贯入度的变化。而在实际施工中很难通过计算的方法来将这些因素进行综合分析，以确定一个最后贯入度的控制值。

大量的工程实践资料也反映了即使在锤型、锤级、桩型、桩长、桩径、施工工艺、气候、地下水位、土质等完全相同的同一地区中，各根桩的最后贯入度也仍然是不同的。尤其是在软土地基和松砂地基中，桩的最后贯入度的差异将更为显著。这一现象主要是由于地基土层是一个不匀质体，而土层受沉桩扰动后土层特性会受到较大的影响，且其扰动影响程度也是不一致的。另外，桩锤效率、垫层刚度、锤击能量等在施打过程中并非为常值，而是在不规则地变化着，工程现场施工因素的千变万化影响更是难以估计，所以必然出现贯入度的变异。

"预定桩尖标高控制"法目前广泛应用于软土地基沉桩施工。但由于工程地质资料往往难以充分反映地基土层的埋深和层厚的变化及土质均匀程度等全面状况，在施工中也可能会出现桩尖未达到预定标高而贯入度已很小的情况，尤其是桩尖打入坚硬砂层中的超长桩。如果坚持按预定标高继续施打，常会造成锤击次数过多、贯入困难、锤击应力增大，从而有可能出现桩身疲劳破损及损坏施工机具设备的现象。有时，也会出现桩尖虽已达到预定标高而贯入度仍然很大，以至于发生使桩的极限承载能力降低及桩的使用期沉降量增大的现象。

通常桩的最后贯入度与桩的承载能力并无直接明确关系。在软土地基中的中长桩，桩的承载能力中桩尖阻力所占比例较小，主要是沿桩身的桩周土层摩阻力，而桩的最后贯入度却基本上是取决于桩尖处土质的软硬程度。所以在地基条件相仿的情况下，即使因桩长差异较大，当桩尖处土质相似时，桩的最后贯入度也可能相当接近，而桩的承载能力相应于桩长的变化却有很大的差异。而在桩尖处土层为松砂的地基中，即使桩长相仿的支承桩，由于松砂土在沉桩期间所发生的振动密实效应，会使先后施打的桩的最后贯入度有较大的变化，但桩的承载能力却无明显的差异。

综上所述，采用单一的桩的"最后贯入度控制"法或"预定桩尖标高控制"法来检验桩是否符合设计要求都是不恰当的，也是很不合理的，有时甚至是不可能的。在实践工程应用中，应根据地基土质状况和桩的工作特性来确定合理的停打标准。通常对软土地基中的支承摩擦桩和桩尖处土层为松砂的支承摩擦桩或端承桩，采取以"预定桩尖标高控制"法为主，并以"最后贯入度控制"法为辅来制定停打标准是较合适的。一般情况下，按设计要求将桩施打至预定设计标高后可以停打。但必须同时根据桩的最后贯入度来辅助判定桩是否已进入持力层足够深度。当桩的最后贯入度已很小，但已进入持力层足够深度时，虽桩尖尚未达到设计标高但已较接近时，也可以提前停打。反之，可适当增大桩的打入深度。这是由于桩的贯入度变化是反映桩尖处土层软硬程度的明显标志，所以将其作为辅助标准对保证桩的质量是很有必要的。而在硬土地基中的端承桩桩基工程施工中，可采取以"最后贯入度控制法"为主，并以"预定桩尖标高控制"法为辅的停打标准是较合适的。即一般按设计要求将桩施打进入持力层达到预定最后贯入度控制值后就可以停打。但必须同时检验桩的施打标高是否已进入持力层足够深度来判定桩是否已符合设计要求。当桩的设计标高已达到，而桩的最后贯入度仍较大时可以继续施打直至最后贯入度符合设计要求后停打。反之，则需继续锤击3阵后，其每阵10击的最后贯入度平均值仍较小时方可提前停打。但当桩的施打标高与设计标高要求相差较大，而桩的最后贯入度却已很小时，此时很可能是桩尖碰上障碍物或地质异常，这时应继续施打至设计标高后才能停打。如果继续施打有困难时，应采取相应的技术措施以保证桩的质量。

另外，当地基土质变化较复杂时，有时尚可以"桩的总锤击数控制"法和"最后5m锤击数控制"法来作为判定桩可否停打的辅助标准，以避免桩身锤击数过多和锤击应力过大而产生疲劳破损的现象。

最后贯入度控制值应根据地基条件、桩型、锤型和锤级，结合设计要求通过桩的打入试验和承载力试验来合理确定。

综上所述，桩的停打控制标准如下：

（1）桩端位于一般土层时，以控制桩尖设计标高为主，贯入度可作参考。

（2）桩端达到中密以上砂土持力层时，以贯入度控制为主，桩尖标高应作参考。

（3）贯入度已达到设计要求而桩尖标高未达到时，应继续锤击3阵，其每阵10击的贯入度不应大于设计规定的数值。

（4）必要时，贯入度控制标准应通过试打后确定。

五、锤击法沉桩常见问题及处理

沉桩施工的标准是将桩完整地沉入到设计位置或达到设计的承载力。但是，由于桩的制作质量、地基土质变化、施工管理不善、施工设备故障、设计欠妥等多方面原因，常会在桩的搬运和下沉过程中发生一些异常现象和事故，必须及时采取相应对策妥善处理。发现问题进行事后处理总是比较困难。事故处理往往需要延长工期和相应增加费用，甚至会发生安全事故。有时需要修改设计，严重时甚至会造成整个基础工程报废而不得不重选场址，造成经济上重大损失。所以在施工前做好周密准备、施工中加强施工技术管理，避免产生失误是首要的。

（一）常见问题和事故

（1）沉桩困难，达不到预定沉入深度。

（2）桩偏移及倾斜过大。

（3）桩达到了设计的埋入长度，但桩的承载能力不足。

（4）桩的下沉状况与地基调查或试验桩的下沉记录相比有异常现象。

（5）桩体破损，影响桩的继续下沉。

（6）已沉毕的桩发生了较大上浮。

（7）桩下沉过程的长时间中断。

（8）沉桩所引起的地基变形造成桩区的整体滑移。

（9）漏桩及桩位差错。

（二）原因分析及处理

1. 沉桩困难，达不到预定埋入深度

沉桩困难，甚至无法继续下沉主要原因如下：

（1）桩型设计和施工工艺不合理，锤型选用不当。

（2）桩帽、缓冲垫、送桩的选定与使用有错误，锤击能量损失过大。

（3）桩锤性能故障，限制了桩锤能量的发挥。

（4）地基调查不充分，忽略了地面到持力层层间的孤块石、回填土层中的障碍物及中间硬夹层的存在等情况。

（5）忽略地基特性，桩距过密或沉桩顺序不当，使地基的密度增大过高。

（6）桩身设计或施工不当，沉桩过程中桩顶、桩身或桩尖破损，被迫停打。

（7）桩就位插入倾斜从而产生偏打，桩产生较大的横向振动，引起沉桩困难，甚至与邻桩相撞。

（8）桩的接头较多且连接质量不好，引起桩锤能量损失过大。

（9）长桩的设计细长比过大，引起桩的纵向失稳。

（10）桩下沉过程中存在长时间中断停歇或桩尖停在硬夹层中进行接桩。

为避免上述情况的发生，首先应完善设计和施工工艺，保证桩的制作质量和接桩质量，提高施工技术管理水平。完好的桩不能下沉时，施工控制可考虑为柴油锤一次冲击下桩的贯入量小于 0.5 ~ 1.0mm、气动锤小于 1 ~ 2mm、振动锤每一分钟的贯入量小于 25mm 或者振幅衰减到额定的 1/3 ~ 1/5 以下。沉桩时应详尽做好下沉记录以便于分析原因。

当碰到难以打入的硬土层时，首先应检验桩锤和缓冲垫。柴油锤的落高若小于 2m，说明柴油锤装备不良或缓冲垫过甚。蒸汽锤的落高若小于 0.8m，说明进气压力不足或气门调节阀不当造成半空打状况或缓冲垫过甚所致。若桩锤、桩帽和送桩与桩体不在同一轴线或缓冲垫厚薄不匀且桩的就位偏斜较大时，偏打将产生较大的横向振动，使打桩能量损耗过大。如无以上情况而沉桩困难，可能是锤型或桩锤的容量选用不当。如果经过验算表明桩锤的配备与桩型相符合时，说明主要是桩型的设计或施工工艺不合理。

当桩的打入记录与其他桩的差异很大时，首先应分析地基土质和工程环境，考虑地下障碍物影响的可能性，可从打桩记录获得证实。此时若地基土质无突然变化且贯入量无逐渐减小的趋势，贯入量突然显著减小而回弹量急剧增大，当桩就位偏斜较大且桩距较密时，随着桩锤的冲击某根邻桩也作相应的急剧晃动，说明桩尖与邻桩相撞。若打桩记录反映击沉至某埋入深度后，贯入量逐渐小于邻近桩的相应值，对开口桩其土芯量也随之相应减小时，则可能是桩尖破损。当桩的贯入量都小于其他桩的相应值时，说明是打桩顺序不合理，引起桩周摩阻增大。有时桩锤配备不良或存在故障也会发生这一现象。但对细长比较大的多节长桩，不仅应考虑纵向失稳的可能，还需考虑接头质量所引起的松动而使打桩能量损失过大。最后尚应注意，当桩在打入中途长时间停歇后再施打或桩尖停在硬层中进行接桩后再施打，也可能是沉桩困难的主要原因。

在上述情况下，可采用的相应措施如下：

（1）检修桩锤及打桩辅助设备。

（2）更换缓冲垫。

（3）加强施工技术管理，提高就位精度。

（4）采用合适的锤型和锤级。

（5）制定合理的打桩顺序。

（6）保证桩的接头质量。

（7）对砂性土地基考虑间断停打。

（8）改变桩尖与桩断面设计，或改闭口桩为开口桩以减少沉桩阻力。

（9）保证桩的制作质量或变更设计提高桩体的强度。

（10）变更设计，改善桩的细长比。

（11）改进施工工艺，增加辅助沉桩法。

2. 桩偏移和倾斜过大

大都由于施工技术管理不善所致，严重时将会造成桩基报废的重大质量事故，其产生原因如下：

（1）打桩机的导杆倾斜。

（2）桩锤能量不足。

（3）就位精度不足。

（4）相邻送桩孔的影响。

（5）斜坡打桩施工。

（6）地下障碍物或软弱暗浜。

（7）桩锤、桩帽、桩不在同一轴线上，缓冲垫厚薄不匀，桩顶不平整所造成的施工偏打。

（8）桩尖偏斜或桩体弯曲。

（9）桩帽或送桩选用和使用不当。

（10）接桩质量不良，接头松动或上下节桩不在同一轴线上。

（11）桩的设计细长比过大引起桩的纵向失稳。

（12）桩体压曲破损

（13）桩入土时的挤土影响。

（14）打桩区邻近基坑开挖。

（15）打桩顺序不合理。

通常可按下述来判定其主要原因：

（1）当桩的偏位或倾斜随着桩的打入渐渐增加且打桩记录并无异常时，首先应检验打桩机导杆的垂直度，桩锤、桩帽和桩是否同轴，桩帽有无歪斜及缓冲垫是否厚薄均匀。此种情况也可能由于桩的就位偏差较大，桩体制作歪曲矢高过大，以及桩尖中心偏斜过大所致。

（2）当桩的偏位或倾斜在沉桩开始就迅速增加时，应考虑邻近送桩孔、暗浜和地下障碍物影响的可能性。此外，斜坡上直接打桩时，往往也会发生这种现象。

（3）当桩打入至持力层处其偏位或倾斜迅速增加时，往往是桩锤能量不足。或是送桩选用和使用不当及缓冲垫厚薄不匀所致。

（4）当桩的偏位或倾斜在打入过程中途开始渐渐增加时，一般是由于桩体弯曲或接桩质量不好，造成接头松动和弯曲较大，桩锤能量不足以及因地面变位使打桩机导杆倾斜等原因造成施工偏打所致。对长桩应考虑细长比过大引起桩的纵向失稳的可能性。当锤击应力较大且打桩记录产生异常情况时，往往是因桩体压曲破损所致。有时在沉桩过程中打桩机的移位也会引起桩的偏斜。

为避免桩的倾斜，对上述情况宜采取相应措施如下：

（1）施工前详细调查掌握工程环境、场址建筑历史和地层土性、暗浜的分布和填土层的特性及其分布状况，预先清除地下障碍物。

（2）施工前认真检验打桩机导杆的垂直度，并在沉桩过程中随时校验和调正。

（3）加强施工技术管理，提高桩的就位精度。

（4）及时填实相邻的送桩孔。

（5）提高桩的制作质量，防止桩顶和接头面的歪斜及桩尖偏心和桩体弯曲等不良现象发生。

（6）提高施工接桩质量，保证上下节桩同轴。

（7）桩锤等设备配置正常，桩锤、桩帽、桩体应在同一轴线上，并经常保持缓冲垫的厚薄均匀，避免施工偏打。

（8）采用大一级能量的桩锤。

（9）斜坡打桩施工时，采用导框或围囹配合施工。

（10）设计长桩时注意改善桩的细长比特性。

（11）提高桩体强度，增厚缓冲垫，减小施工应力，尽可能缩短桩的长度和增大桩径，防止发生桩体压曲。

（12）制订合理的打桩顺序，减小挤土影响。

（13）打桩区及其邻近地区在打桩期间禁止基坑开挖。

（14）当桩入土较浅时，可停止打桩。拔起桩体并填实桩孔，将桩扶正插直后重新进行打桩作业。当桩入土较深且偏斜严重时，应考虑重新补打新桩。

3. 桩达到预定设计埋入深度，但桩的承载能力不足

通常通过土质资料和桩的贯入度记录及经验判断，有时会发现桩的承载能力不足现象。这往往是因为土层变化复杂，硬持力层的层面起伏较大，地质调查不充分，造成设计桩长不足，桩尖未能进入持力层足够的深度。

在这种情况下，可采用的相应措施如下：

（1）当桩的长度不大但埋入深度相差较大时，可先将桩打至与原地面平，再凿开桩顶将钢筋接长，浇筑早强高强度等级混凝土，待强度达到设计要求后继续复打，将桩尖打入持力层足够深度，直至满足设计承载力为止。

（2）当桩的长度较大，但桩的埋入深度相差不大时，可采用送桩将桩尖打入持力层足够深度直至达到设计承载力为止，待桩基施工完毕后进行基础开挖时，再将桩接长至设计标高。

（3）当打桩机高度足够时，可根据地层土质分布情况预先将各桩接长至相应长度，待桩强度达到设计要求后再进行打桩作业。

（4）变更设计改变布桩和增加桩数来满足设计承载力的要求。

（5）按桩的实际承载力减小上部结构荷载。

（6）对开口桩，可考虑在桩尖端设置十字加强筋或其他半闭口桩尖等形式，以谋求增加尖端闭塞效应的方法，来提高桩的承载能力。

4. 桩的下沉状况与土质调查资料或试验桩的下沉记录相比有异常现象

造成上述现象通常原因如下：

（1）持力层层面起伏较大。

（2）地面至持力层层间存在硬透镜体或暗浜。

（3）地下有障碍物未清除掉。

（4）打桩顺序和进桩进度安排不合理。

上述情况可采取的措施如下：

（1）按照持力层的起伏变化减小或增大桩的埋入深度。

（2）控制桩锤落高，提高打桩精度，防止桩体破损。

（3）采用钢钎进行桩位探测，查清并清除遗漏的地下障碍物。

（4）确定合理的打桩顺序。对砂性土地基可放慢施工进度采用短期休止的间断施工法，利用砂土松弛效应以减小桩的贯入总阻力。对黏性土地基也应放慢施工进度，打桩顺序采用中心开花的施工方法以减小超静孔隙水压力。

5. 桩体破损，影响桩的继续下沉

桩体破损情况比较复杂，通常主要原因如下：

（1）由于制桩质量不良或运输堆放过程中支点位置不准确。

（2）吊桩时，吊点位置不准确、吊索过短，以及吊桩操作不当

（3）沉桩时，桩头强度不足或桩头不平整、垫材厚薄不匀、桩锤偏心等所引起的施工偏打，造成局部应力集中。

（4）终打阶段锤击力过大超过桩头强度，送桩尺寸过大或倾斜所引起的施工偏打。

（5）桩尖强度不足，地下障碍物或孤块石冲撞等。

（6）打桩时桩体强度不足，桩自由长度较长且桩尖进人硬夹层，桩顶冲出力过大，桩突然下沉，施工偏打，强力进行偏位矫正，桩的细长比过大，接桩质量不良，桩距较小且布桩较密受到较大挤压等均可能造成桩体破损。

对桩体破损可采取以下预防和处理措施：

（1）运桩时，桩体强度应满足设计施工要求，支点位置正确。采用密肋形制桩时，认真做好隔离层。

（2）吊桩时，桩体强度应满足设计施工要求，支点位置正确，起吊均匀平稳，禁止单头先起吊。起吊过程中应防止桩体晃动或其他物体碰撞。

（3）在吊运过程中产生桩体破损时，应予更换。若破损程度较小，也可采用环氧砂浆补强和角钢套箍补强。

（4）选用能量适当的桩锤并控制落高。保证缓冲垫均匀和厚薄适当并随时更换，以降低冲击应力。

（5）使用符合桩径的桩帽和送桩，送桩不宜太长，保持桩锤、桩帽、桩体在同一轴线上，避免施工偏打。

（6）提高桩体强度，增大桩的截面积。

（7）桩头设置钢帽、加固环或局部扩大头部截面积，桩尖设置钢桩靴或加固环。

（8）缩短桩长、改变桩的布置、增加桩数、减小桩的细长比。

（9）根据地基土性和工程环境资料，确定合理的打桩顺序。

（10）对砂性土地基可采取间歇停打或分区轮换施工法。对黏性土地基可采取放慢进桩速度或多流水打桩顺序。

（11）采用预钻孔打桩，先钻透中间硬夹层，或采用钢冲桩冲透中间硬夹层，以减小桩的贯入阻力。

（12）保证接头质量，填实接头间隙。

（13）提高桩的就位和打入精度，避免强力矫正。

（14）终沉时桩头发生破损，如只限于头部 1m 左右处时，对钢筋混凝土桩可停止锤击，清除露筋并凿平桩头，再将桩继续打入至设计标高，然后清理桩的头部加补强筋，补浇混凝土至设计桩顶标高。有时当桩较短，桩锤能量较大时，也可先修补桩头，待混凝土强度达到设计施工要求后再进行复打。如破损严重，宜补打新桩。

（15）接桩时，如下节桩的头部严重破损，一般应补打新桩。

（16）在打桩开始时发现桩尖破损，可将桩拔出对桩尖进行装置钢桩靴或加固环等补强措施后，再继续打入土中。

（17）在打桩中途桩体发生严重破损时，原则上必须补打新桩。如破损部位尚未入土且破损程度轻微，经设计部门同意可采用环氧砂浆或角钢套箍补强，随后继续将桩打入至设计标高。

（18）采用钢钎在桩位处进行探查，彻底清除遗漏的地下障碍物。

（19）增大桩距，以减小桩体受挤压时的弯曲应力或增大桩体的抗弯强度。

（20）打桩作业中应避免长时间中断，防止产生过大的冲击应力。

6.已沉好的桩发生较大上浮

在黏性土地基中，由于桩贯入过程中所产生的挤土效应，使地基土体发生隆起和位移，已打入的桩由于邻桩的打入而在土体挤压作用下随着上浮和位移。当持力层为砂性土时，桩的上浮量较大，一般超过 10cm 时，原则上应进行复打施工作业，将桩重新打入到设计标高。但当持力层为黏性土时，桩是与桩周及桩尖处的土体伴随一起上浮的，随着土体内的超静孔隙水压力的消散，土体重新固结下沉时，上浮的桩会相应地下沉，故一般不必复打。

7. 桩下沉过程的长时间中断

打桩过程应避免长时间的中断，但由于各种施工因素及工程环境的影响，这种不得已中断也会发生。中断所产生的影响程度根据地基土质性状不同会有所差异，但随着中断时间的增加，桩周摩阻力由动变静而增大，使桩的继续打入变得困难，甚至造成桩体破损或无法打入。当采用送桩施工工艺时，还可能造成送桩难以拔出。

桩下沉过程中长时间中断原因如下：

（1）对桩的贯入阻力估计不足，选锤能量过小。

（2）打桩设备准备不充分而发生故障，或工程现场突然停电。

（3）地基土质调查不全面，中间硬夹层厚薄不匀，在桩打入时，发生中间硬夹层的穿透困难。

（4）桩头尺寸误差过大又疏于检验，造成桩头卡住桩帽的故障。

（5）桩头锤击破损，进行修整补强。

（6）地面以上部分桩体破损，进行修整补强。

（7）打桩过程中，桩锤能量不足，调换大能量桩锤。

（8）接桩和送桩停歇时间过长。

（9）因打桩公害受外界干扰，被迫停打。

（10）送桩拔出困难。

（11）桩接头损坏进行修整。

（12）发生重大安全事故。

（13）遭受大风暴雨袭击及特殊气象影响。

（14）邻近构筑物和地下埋设物发生破损危险。

（15）打桩区现场地面发生突然塌陷。

在上述情况下被迫停止打桩，应及时采取相应措施，尽可能缩短中断时间。其预防和处理措施如下：

（1）预先正确地估算桩的贯入阻力。

（2）选用适当的桩锤，桩锤的能量应留有富余。

（3）当地基土质调查资料不全面时，应进行补充调查。

（4）打桩前，对施工设备和动力源进行检查调试和检修。

（5）打桩前应检验桩的制作质量和尺寸规格。

（6）打桩前应制定桩体破损修补计划和实施方案，准备好补强所需的工具和材料。

（7）采用送桩工艺时，应选用适宜的送桩并在送桩完毕后及时拔出。

（8）采用接桩工艺时，应制订提高施工效率缩短接桩时间的施工措施。

（9）设计上应尽可能避免和减少接桩或送桩施工方法。

（10）防止施工偏打使桩体受损。

（11）控制桩锤冲击力，减小桩的施工应力，避免桩体受损。

（12）桩头采用补强钢帽、加固环，或增大截面积，防止桩头受损。

（13）施工中应防止桩发生压曲。

（14）严格遵守安全操作规程，防止发生安全事故。

（15）注意天气预报，合理安排施工作业，提前做好防止风雨影响的安全措施。

（16）采用低公害施工法。

（17）在采用接桩施工工艺时，为了遵守作业时间，对下节桩、中节桩的停打深度应从地基的状态和桩的毛度、桩锤能量等方面进行判断决定，以保证中断后仍有可能继续打桩。

（18）打桩期间对打桩区地面沉降进行监测。

（19）打桩前对邻近构筑物进行调查，除对受沉桩影响的构筑物采取防护加固措施外，还应在打桩期间进行监测。

8.沉桩引起地基变位造成桩区整体滑移

在岸坡或山坡上进行打桩作业时，如设计施工不善，有时会造成工程现场整体滑移，导致场址报废的重大事故。其主要原因如下：

（1）地基土质调查资料不详或差错，造成设计施工中对岸坡的稳定设计验算失误。

（2）地基土质调查资料表明了岸坡失稳的可能性，而设计中未能重视。

（3）施工工艺和施工方法不妥，产生较大的超静孔隙水压力，引起挤土、振动等影响导致土坡失稳。

（4）打桩顺序流向不合理。

（5）未采取措施控制进桩速度。

（6）现场堆桩位置不妥造成超载。

（7）打桩期间坡脚开挖上方。

（8）打桩期间河流水位突然大幅度下降。

（9）打桩期间邻近深基坑开挖。

对上述情况相应的预防和处理措施如下：

（1）应对地基土质状况进行周密调查，并加密勘察孔的间距。

（2）设计施工中必须进行岸坡或斜坡稳定的验算。当安全系数不足时，应及时在打桩前采取相应的技术措施，提高稳定性。

（3）尽可能采用低振动、少挤土或无振动、无挤土的施工工艺和方法，有效地减小超静孔隙水压力、挤土、振动对岸坡或斜坡稳定的影响。也可采用预钻孔打入或压入施工法进行沉桩。

（4）采取由近向远进行打桩作业的打桩顺序。

（5）尽可能放慢打桩施工进度。

（6）岸坡或斜坡稳定影响区内尽可能减小施工荷载，并禁止堆载。

（7）重视工程环境、河流海洋水文、气象等调查资料，注意水位变化，采取防止水位突然下降的相应技术措施。

（8）打桩作业地区，在打桩前或打桩时严禁在坡脚处挖泥和开挖基坑，而在打桩作业结束后需挖泥或开挖基坑时，应先验算岸坡或斜坡的整体稳定性。

（9）打桩期间对打桩区的超静孔隙水压力和地基变位的变化状况进行监测，为检验打桩顺序的合理性和控制打桩进度提供依据。并可预先发现地基有失稳的趋势，以便及时采取相应措施。

9. 漏桩及桩位差错

主要原因是打桩前测量放线差错以及打桩时插桩失误所致。如采用送桩工艺，有时会在基坑开挖后才能发现。此时补桩已相当困难。因此，应加强施工管理采取预防措施，对桩位放样桩应建立多级复核制，对定位插桩实行逐根检查制，防止漏桩。在打桩完毕后，对现场进行一次全面复核，确认无漏桩后桩机方可撤离。

第三节 振动法沉桩

一、振动法沉桩机理

振动法沉桩即采用振动锤进行沉桩的施工方法。在桩上设置以电、气、水或液压驱动的振动锤，使振动锤中的偏心重锤相互逆旋转，其横向偏心力相互抵消，而垂直离心力则叠加，使桩产生垂直的上下振动，造成桩及桩周土体处于强迫振动状态，从而使桩周土体强度显著降低和桩尖处土体挤开，破坏了桩与土体间的粘结力和弹性力，桩周土体对桩的摩阻力和桩尖处土体抗力大大减小，桩在自重和振动力的作用下克服惯性阻力而逐渐沉入土中。

振动沉桩操作简便、沉桩效率高、工期短、费用省、不需辅助设备、管理方便、施工适应性强、沉桩时桩的横向位移小和桩的变形小、不易损坏桩材、软弱地基中入土迅速无公害。但缺点是振动锤的构造较复杂，维修较困难，耗电量大，设备使用寿命较短，需要大型供电设备；当桩基持力层的起伏较大时，桩的长度较难调节；地基受振动影响大，遇到坚硬地基时穿透困难，仍有沉桩挤土公害；且受振动锤效率限制，较难沉入30m以上的长桩。

二、振动法沉桩适用范围

通常可应用于松软地基中的木桩、钢筋混凝土桩、钢桩、组合桩的陆上、水上、平台上的直桩施工及拔桩施工。一般不适用于硬黏土和砂砾土地基。

振动沉桩的施工工艺可分为干振施工法、振动扭转施工法、振动冲击施工法、振动加压施工法、附加弹簧振动施工法、附加配重振动施工法、附加配重振动加压施工法等。

干振施工法是采用只有振动作用的振动锤沉桩，沉桩效率较低。轻型振动锤主要应用于软黏土地基中，桩长小于10m、桩径小于40cm的短桩基础。重型振动锤可应用于软黏土和松砂土地基中，桩长小于30m、桩径小于

50cm 的桩基础施工。

振动扭转施工法，下沉桩体不仅受到振动作用，同时也受到力偶的作用产生扭转。在下沉大型管桩时适合采用低转速重偏心块的振动锤。下沉小型管桩时适合采用高转速轻偏心块的振动锤。此法可适用于各类较硬土质的地基中。

振动冲击施工法乃是采用振动与冲击联合作用进行沉桩。振动作用有利于克服土体对桩体下沉时的桩周摩阻力，冲击作用有利于克服桩尖处的正面阻力。所以，振动冲击施工法具有较强的沉桩能力，穿透性能较好、消耗的功率较小。但桩下沉的速度常低于冲击施工法。此法适用于各类土质的地基，常应用于有中间硬土层的地基。

振动加压施工法乃是采用静压力与振动锤联合作用进行沉桩。沉桩能力强、穿透性能好，常应用于有中间硬土层或进入持力层一定深度的桩长30m 左右的桩基础施工。

附加弹簧振动施工法乃是采用振动和附加弹簧压力共同作用的振动锤进行沉桩。其特点在于振动锤与附加荷重板不是刚性相连，而是利用弹簧使振动机工作时附加荷重板处于静止状态不参与振动，因而不会使振动体系的振幅减小。试验证明，有附加弹簧荷重时，桩体振动下沉的速度要比干振施工法快得多。为了增大振动时的下压力，有时可采用振压式振动锤。但应该指出，采用增加下压力的方法对大型管桩的作用不大。此法适用于软黏土和松砂土地基中，桩长小于 30m、桩径小于 50cm 的桩基础施工。

附加配重振动施工法乃是采用配重桩帽进行振动沉桩。一般只用于软黏土和松砂土地基中，桩径小于 40cm、桩长小于 30m 的桩基础施工。

附配重振动加压施工法乃是附加配重振动施工法和振动加压施工法的并用。其使用效果基本上略优于二振动加压施工法，一般应用较少。

有时，振动沉桩可按现场施工条件与预钻孔施工法和掘削施工法并用，以提高桩的穿透硬土层能力和增加桩的贯入深度。

三、振动法沉桩机械设备的选择

目前各国生产的振动锤基本形式有振动锤和冲击振动锤两种。

振动锤是由电动机、振动器、吸振器、冲击块、冲击座、夹桩器、操纵仪等基本结构组成。各种振动锤的结构基本相似，但在构造形式上有所差别。冲击振动锤的基本结构形式有刚性式、柔性式、半刚性和半柔性三种。

振动锤按其机械特性可分为电动式、水动式、气动式。近年来为了使振动器的频率能无级调速，常使用液压马达驱动式。按驱动力的大小又可分为轻型、重型、超重型。按振动频率大小可分为单频式、双频式，也可分为变频型或低频型（15～20Hz）、中高频型（20～60Hz）、高频型（100～150Hz）、超高频型（1500Hz）等。

低频振动锤是使强迫振动与土体共振，其振动时振幅值很大，能破坏桩与土体间的粘结力和弹性力，使桩自重下沉。一般振幅在7～25mm内，有利于克服桩尖处土层阻力可用于下沉大口径管桩、钢筋混凝土管桩。但将对邻近建筑物产生一定的影响。

中高频振动锤是通过高频米提高激振力，增大振动加速度。但振幅较小，通常为3～8mm左右。在黏性土中，常会显得能量不足，故仅适用于松散的冲积层、松散和中等密度的砂石层。大都用于沉拔钢板桩、预钻孔及中掘法并用的桩基础施工。

高频振动锤是使强迫振动频率与桩体共振，利用桩产生的弹性波对土体产生高速冲击，由于冲击能量较大将会显著减小土体对桩体的贯入阻力，因而沉桩速度极快。在硬土层中下沉大断面的桩时，能产生较好的效果。对周围土体的剧烈振动影响一般在30cm以内，可适用城市桩基础。

超高频振动锤乃是一种高速微振动锤，它的振幅极小，一般是其他振动锤的1/3～1/4。但振动频率极高，对周围土体的振动影响范围极小，并通过增加锤重和振动速度来增加冲击动量。常用于对噪声和限制振动公害较严的桩基础施工中，目前各国在选择振动参数时，需考虑共振和振动冲击两种效果。共振方法中又有强迫振动和土体共振，以及强迫振动和桩体共振两种方法。

选用振动锤时，不仅应考虑锤和桩的自重破坏桩端处土层的压力强度，还应考虑振动时尽可能产生大的冲击力使桩端处土层破碎。增加频率、重量、振幅可以增加冲击动量，但增大振幅能有效克服桩端处土体阻力，得到最好的下沉效果。

通常应按土质和桩重选用振动参数合理的振动锤，这不仅可节约能耗和减轻振动公害，并能以最省的功把桩迅速下沉到需要的深度。

另外，在选定振动锤时，尚应根据桩径与长度，考虑以 5min 左右完成桩的打入为宜。若明显超过 5min 时，将会使打桩作业效率降低，容易加快机械磨耗。若达到 15min 以上时，可能会使振动锤的动力装置发热以致烧坏，造成打桩作业效率的急剧低落。此时应考虑选用更大功率的振动锤。

振动锤一般可安装在专用的桩架、冲击锤的桩架或履带式吊车上。其中以安装在履带式吊车上为最多。桩架也可设导向架。通常根据桩的类型、打桩平台形式及工程规模，可选用多种适合的型号。一般振动锤沉桩施工选用桩架时应考虑的主要因素基本上与锤击法沉桩相同。

采用振动锤沉桩施工时，应将振动锤夹在桩顶上。不同的桩应选用不同的夹具。一般采用油压杠杆机构的夹具。

对夹具的要求是：

（1）夹得紧。和桩接触的夹板面设有两个方向的齿，可产生两个方向的摩擦，使摩擦系数 f 增加。如夹钢板时的，可由一般的 0.1 ~ 0.15 提高到 0.6 ~ 0.7。

（2）桩身材料要承受得了夹持的应力，为此要控制夹板的面压，一般的混凝土桩的抗拉强度小于 1.7MPa，因此对于混凝土桩的夹头，面压控制在 1.3MPa 以下。对于钢桩，面压控制在 40 ~ 150MPa 以下。根据控制的面压和起振力就可以确定夹板的面积。

（3）夹板的材料要有一定的硬度和耐磨性能。

常见振动沉桩机械设备：

（1）DZ45KS、60KS、75KS、90KS、110KS 型振动沉拔桩锤

产品特点：

①由防振型双电机驱动，开有中孔，可直接放置钢筋笼和适应振动夯扩桩等桩种，可以配合导杆锤施工，简捷方便；

②采用防振电机，可靠性高。也可根据用户要求配置；

③全部采用名牌配套件、强力三角皮带和特种材质齿轮，使用寿命长；

④采用特殊减振系统施工时，减小对周围环境的影响；

⑤噪声低、无污染、故障少，使用维修方便。

（2）DZ22、40、60、90A、120A 型振动沉拔桩锤

产品特点：

①采用防振型单电机结构，可靠性高，也可根据用户要求配置；

②全部采用名牌配套件、强力三角皮带和特种材质齿轮，使用寿命长；

③设有加压装置，明显增加贯入力，提高施工效率。

④减振效果好，噪声低、无污染、故障少。

四、振动法沉桩施工

振动沉桩与锤击沉桩基本相同，除以振动锤代替冲击锤外，可参照锤击沉桩法施工。

桩工设备进场、安装调试并就位后，可吊桩和插入桩位土中，然后将桩头套入振动锤桩帽中或被液压夹桩器夹紧，便可启动振动锤进行沉桩直到设计标高。沉桩宜连续进行，以防停歇过久而难于沉入。振动沉桩过程中，如发现下沉速度突然减小，此时可能遇上硬土层，应停止下沉而将桩略为提升 0.6 ~ 1.0m，重新快速振动冲下，可较易打穿硬土层而顺利下沉。沉桩时如发现有中密以下的细砂、粉砂、重黏砂等硬夹层，且其厚度在 1m 以上时，可能沉入时间过长或难以穿透，继续沉入将易损坏桩头和桩机，并影响施工质量。此时宜会同有关部门共同研究采取措施。

振动沉桩注意事项：

（1）桩帽或夹桩器必须夹紧桩头，以免滑动而降低沉桩效率、损坏机具或发生安全事故。

（2）夹桩器和桩头应有足够的夹紧面积，以免损坏桩头。

（3）桩架顶滑轮、振动锤和桩纵轴必须在同一垂直线上。

（4）桩架应保持垂直、平正，导向架应保持顺直。

（5）沉桩过程中应控制振动锤连续作业时间，以免因时间过长而造成振动锤动力源烧损。

振动法沉桩施工中的常见问题及处理，可参照锤击法沉桩。

第四节 静压法沉桩

一、静压法沉桩机理

在 20 世纪 50 年代初，静压法沉桩首次在我国沿海地区使用。近年来已在我国软土地基桩基施工中较为广泛应用，并获得良好效果。

静压法沉桩即借助专用桩架自重和配重或结构物自重，通过压梁或压柱将整个桩架自重和配重或结构物反力，以卷扬机滑轮组或电动油泵液压方式施加在桩顶或桩身上，当施加给桩的静压力与桩的入土阻力达到动态平衡时，桩在自重和静压力作用下逐渐压入地基土中。

静压法沉桩具有无噪声、无振动、无冲击力、施工应力小等特点，可减少打桩振动对地基和邻近建筑物的影响，桩顶不易损坏、不易产生偏心沉桩、沉桩精度较高、节省制桩材料和降低工程成本，且能在沉桩施工中测定沉桩阻力为设计施工提供参数，并预估和验证桩的承载能力。但由于专用桩架设备的高度和压桩能力受到一定限制，较难压入 30m 以上的长桩。当地基持力层起伏较大或地基中存在中间硬夹层时，桩的入土深度较难调节。对长桩可通过接桩，分节压入。此外，对地基的挤土影响仍然存在，需视不同工程情况采取措施减少公害。

二、静压法沉桩适用范围

通常应用于高压缩性黏土层或砂性较轻的软黏土地基。当桩需贯穿有一定厚度的砂性土中间夹层时，必须根据砂性土层的厚度、密实度、上下土层的力学指标，桩的结构、强度、形式和设备能力等综合考虑其适用性。

静压法沉桩按加力方式可分为压桩机（压桩架、压桩车、压桩船）施工法、吊载压入施工法、锚桩反压施工法、结构自重压入施工法等。锚桩反压施工法使用较早，一般用于少量补桩。吊载压入施工法因受吊载能力限制，用于小型短桩工程。结构自重压入施工法用于受施工场地和高度限制无法采用大型压桩机设备，以及对原有构筑物进行基础改造补强的特殊工程。压桩机施工法应用较为广泛，为提高压桩机静压力，常可在压桩机上增设附加配重。

在小型桩基工程中尚可采用压桩车施工法。

三、静压法沉桩机械设备

静压法沉桩机械设备由桩架、压梁或液压抱箍、桩帽、卷扬机、钢索滑轮组或液压千斤顶等组成。压桩时，开动卷扬机，通过桩架顶梁逐步将压梁两侧的压桩滑轮组钢索收紧，并通过压梁将整个压桩机的自重和配重施加在桩顶上，把桩逐渐压入土中。我国目前使用的压桩机大都采用这种顶压式。

近年来，华东地区研制采用了新型的箍压式。箍压式压桩机压桩时，开动电动油泵，通过抱箍千斤顶将桩箍紧，并通过压桩千斤顶将整个压桩机的自重和配重施加在桩身上，把桩逐渐压入土中。

压桩架按其行走机构特性可分为托板圆轮式、步履式、履带式三种。按压桩的结构特性可分为直桁架式、柱式、挺杆式三种。按沉桩施工方式可分为中压式、箍压式、前压式（固定式和旋转式）三种。通常压桩架上均设置配重，以提高静压能力。按配重的设置特性又可分为固定式和平衡移动式。一般平衡移动式配重均设置在钢轨小平车上，常应用于前压式压桩机。

（一）中压式压桩机

顶压式压桩机是最早的基本机型，其行走机构早期为托板圆轮式或走管式，行走时需铺设方木脚手，挖置地垄，采用蒸汽锅炉和蒸汽卷扬机动力，最大静压力约 700kN。其后改进为步履式行走，采用电动卷扬机和电动油泵为动力，最大静压力已超过 800kN。沉桩施工中，中压式压桩机通常均可自行插桩就位，施工简便，为提高静压力也常均匀设置固定式配重于底盘上。但由于受压柱高度的限制，最大桩长一般限为 12～15m。对于长桩，将增加接桩工序，影响工效。另外，中压式压桩架由于受桩架底盘尺寸限制，于邻近已有建筑物附近处沉桩施工时，需保持足够的施工距离 3m 以上。

（二）箍压式压桩机

近年新发展的机型，行走机构为新型的液压步履式，以电动液压油泵为动力，最大静压力可达 6000kN，沉桩施工可不受压柱高度的限制，一般长桩均无须接桩，提高了工效。但因不能自行插桩就位，施工中需配置辅助吊机。同样，由于受桩架底盘尺寸的限制，在邻近建筑物附近处沉桩施工时，需保持足够的施工距离（3m 以上）。

（三）前压式压桩机

最新的压桩机型，其行走机构有步履式和履带式。步履式压桩机一般均采用电动卷扬机和电动油泵为动力，履带式压桩机一般均采用柴油发动机为动力，最大静压力可达 1500kN。沉桩施工中，履带式压桩机均可自行插桩就位，尚可作 360° 旋转。由于前压式压桩机的压桩高度较高，通常施工中的最大桩长可达 20m，有利于减少接桩工序。另外，由于不受桩架底盘的限制，最适宜在邻近建筑物处进行沉桩施工。

桩长不受限制，适宜于一般黏土、软弱土、砂层地基土等，尤其是覆土不太厚的岩溶地区和持力层较深的沿江沿海地区。

施工无噪声、无污染，适宜于对噪声管制的学校、居民区以及市区内作业。

施工无振动，适宜于地铁、立交桥、危房、精密仪器房的附近及河口岸边等对振动有限制的地区。

四、静压法沉桩施工

静压法沉桩相对锤击法沉桩，以静压力来代替冲击力，采用锤击法沉桩的基本程序，根据设计要求和施工条件制订施工方案和编制施工组织设计，正确判断沉桩阻力，合理选用沉桩设备和施工工艺，做好与锤击法沉桩相类同的施工准备工作。

（一）沉桩阻力

静压法沉桩预估沉桩阻力时，首先分析桩型、尺寸、重量、埋入深度、结构形式以及地基土质、土层排列和硬土层厚度等条件，对各种埋入深度时的沉桩阻力大小作出正确判断，以利于选用能满足设计和特定地基条件的。具有足够静压力的沉桩设备，将桩顺利地下沉到预定的设计标高。

判断沉桩阻力就是要认识在静压力作用下，桩侧和桩尖土体对桩的抵抗阻力及其相互关系，分布规律以及主要影响因素等，正确分析桩的工作特性，预估桩的入土阻力，以解决桩的可压入性。

静压法沉桩入土过程中，地基土体受到重塑扰动，桩贯入时所受到的土体阻力并不完全是静态阻力，但也不同于锤击法沉桩时的动态阻力。静压法沉桩的贯入阻力沿桩身分布规律与锤击法沉桩相似。沉桩阻力的大小和分布规律的影响因素主要是土质、土层排列、硬土层厚度、埋入持力层深度、桩数和桩距、施工顺序及进度等。分析实测试验资料表明，沉桩阻力是由桩侧摩阻力和桩尖阻力组成的。一般情况下，二者占沉桩阻力的比例是一个变值。当桩的入土深度较大时，通常桩侧摩阻力是主要的。当桩的入土深度较浅时，桩尖阻力所占的比例将较大。当桩尖处土层较硬时，桩尖阻力占沉桩阻力的比例将会明显增大。桩侧摩阻力和桩尖阻力对于反映地层变化特征两者基本上是一致的。当桩在同一软黏土层中下沉时，随着桩的入土深度增加到某个定值后，沉桩阻力将逐渐趋向常值，不再随桩入土深度的增加而增大。当桩穿透较硬土层进入较软土层中时，沉桩阻力反而随着桩入土深度的增加明显减小，这主要是由于桩尖阻力的急剧降低所致。另外，在沉桩过程中，各土层作用于桩上的桩侧摩阻力并不是一个常值，而是一个随着桩的继续下沉而显著减小的变值，靠近桩尖处土层作用于桩上的桩侧摩阻力对沉桩摩阻力将起着显著作用。所以，在估算沉桩阻力时，如果不考虑地基土层的成层状态及各土层的特性，采用机械地将各层土体对桩身摩阻力进行叠加的方法，将会造成沉桩阻力估计过大，甚至错误地得出沉桩困难及静压力不足的假象。

静压法沉桩时，桩尖上的土阻力反映桩尖处附近范围土体的综合强度特性，这一范围的大小决定于桩的尺寸和桩尖处土体的破坏机理，它与桩尖附近处土层的天然结构强度和密度、土层的分层厚度和排列情况、桩尖进入土层的深度等多种因素有关。试验资料表明，一般在匀质黏性土层中，影响桩尖阻力的桩尖附近土层范围约为桩尖以上 2.5 倍桩径和桩尖最大截面以下 2.5 倍桩径。当桩尖阻力影响范围内存在强度相差较大的不同土层时，就不能简单地按上述界限内土层强度的平均值来考虑桩尖阻力，否则将会造成桩尖阻

力估算过高的不合理现象。这时可按下述情况进行分析。

（1）当桩尖处为硬土层，桩尖以上 2.5 倍桩径范围内存在软土层时，桩尖阻力决定于桩尖以上 2.5 倍桩径范围内土层强度的平均值。

（2）当桩尖处为软土层，桩尖最大截面以下 2.5 倍桩径范围内有硬土层时，桩尖阻力仍决定于桩尖以上 2.5 倍桩径范围内土层强度的平均值。

（3）当桩尖处为硬土层，桩尖最大截面以下 2.5 倍桩径范围内有软土层时，桩尖阻力决定于桩尖最大截面以下 2.5 倍桩径范围内土层强度的平均值。

（4）当桩尖处为软土层，桩尖以上 2.5 倍桩径范围内有硬土层时，桩尖阻力仍决定于桩尖最大截面以下 2.5 倍桩径范围内土层强度的平均值。

（5）当桩尖处的土层强度较高，桩尖以上 2.5 倍桩径范围和桩尖最大截面以下 2.5 倍桩径范围内均存在软土层时，桩尖阻力决定于桩尖以上 2.5 倍桩径范围和桩尖最大截面以下 2.5 倍桩径范围内土层强度平均值中的较小值。

（6）当桩尖处的土层强度较低，桩尖以上 2.5 倍桩径范围或桩尖最大截面以下 2.5 倍桩径范围内均存在硬土层时，桩尖阻力主要决定于桩尖以上 2.5 倍范围内土层强度的平均值。

（7）当桩尖处的土层强度较低，软土层的层厚又小于桩尖长度或 1.5 倍桩径时，桩尖阻力决定于桩尖以上 2.5 倍桩径范围或桩尖最大截面 2.5 倍桩径范围内土层强度平均值中的较小值。

当黏性土层中有薄层砂时，将会显著增大桩尖阻力，其增大值可达 50% ～ 100%。当地基土质十分复杂时，也可通过试沉桩检验确定沉桩阻力。在软土地基中，采用静压法沉桩施工的过程中，因接桩施工作业或施工因素影响而暂停继续下沉的间歇时间的长短虽对继续下沉的桩尖阻力无明显影响（硬黏土中桩尖阻力一般最大增值约为 5%），但对桩侧摩阻力的增加影响较大。桩侧摩阻力的增大值与间歇时间长短成正比，并与地基土层的特性有关。所以，在静压法沉桩施工中，不仅应合理设计接桩的结构和位置，避免将桩尖停留在硬土层中进行接桩施工，而且应尽可能减少接桩施工时间和避免发生沉桩施工中断现象。

2. 压桩程序和接桩方法

静压法沉桩一般都采取分段压入、逐渐接长的方法。压桩程序进行沉桩至设计要求标高。

接桩有焊接法和浆锚法。接桩工艺和技术要求与锤击法沉桩施工类同。

五、静压法常见问题及处理

（一）沉桩倾斜与突然下沉

插桩初期即有较大幅度的桩端走位和倾斜，虽经采取强制固定措施，仍不见效。遇有此种情况，必定在地面下不远处有障碍物，如旧建构物的基础、大块石或各种管道等。某工程，在静力压桩时，几次插入桩均倾斜，挖土检查，发现在拆除老厂房时，条形砖基础没有完全清除即回填土，而桩端正好位于此砖基边上。桩位处旧墙基砖块因插桩受压，已明显倾斜。最后只得挖除墙基，重新回填土后压桩。

沉桩过程中。桩身倾斜或下沉速度突增。此种现象多为接头失效、跑离或桩身断裂所致。当桩身弯曲或有严重的横向裂缝、接桩顶面有较大的倾斜、桩尖倾斜过大，以及混凝土强度等级不够等，容易引起此种质量事故。遇有此种情况，一般在靠近原桩位作补桩处理。某工程，因预制桩混凝土质量较差，又在运输及现场吊运过程中产生不同程度的横向裂缝，施工时曾有四根桩发生倾斜和突然下沉，均作了补桩处理。对于在沉桩过程中因卷扬机或液压千斤顶不同步引起的临时倾斜，可随时调整机具工作速度，予以纠正。

（二）桩尖打不到设计高度

在压桩施工中，发生桩不能沉入到设计标高的情况。若是普遍现象，则应认为是地质资料或钻探资料不全面，而错定了桩的长度。如个别少数桩沉不到设计标高，其原因一般有下列几点：

（1）桩尖碰到了局部的较厚的夹砂层或其他硬层。

（2）桩体质量不符合设计要求。如混凝土强度不够，承受不了太大的静压力。在施工时，当桩尖遇性状较好的土层，若继续施压，则往往发生桩顶混凝土压损破坏，桩身混凝土跌落，甚至桩身断裂而无法将桩下沉到预定的标高。某工程，共有桩 469 根，为空心钢筋混凝土预制桩，截面 40cm×40cm，由三节 8m 组成，全长 24m。最小桩距 1.2m，设计桩尖需进入灰绿色粉质黏土层。因桩身质量较差，虽经采取措施，终因混凝土强度不够，桩顶破损，最后仍有 14 根桩不能达到设计标高。

（3）中断沉桩时间过长。主要由于设备故障或其他特殊原因，致使一根桩在压入过程中突然中断，若延续时间过长，施工阻力增加，使桩无法下沉到设计标高。某工程，桩截面 40cm×40cm，长 24.5m，由 8m、8m、8.5m 三节组成，送桩深度为 2.9m，入土总深度为 27.5m，设计桩尖进入暗绿色硬黏土层。有一根桩入土深度 23.4m 时，桩尖进入灰色粉质黏土层，因一台卷扬机发生故障，停工抢修两个半小时后，继续施工，桩已无法下沉。

（4）接桩时，桩尖停留在硬层内。由于接桩操作需停止施工一段时间，如果准备不充分，或电焊仅一人操作，时间拖长后，如上例提及的摩阻恢复很快，加之桩尖正在硬层内，都会使压桩阻力提高，如压桩机无潜力，必然导致不能继续沉桩。因此，在确定分节长度时，不要使接桩操作发生在桩尖处于硬层的情况。当然，加快接桩过程也是必要的。当发生桩压不下去时，还可用振动器辅助沉桩，以弥补沉桩设备的压力不足，但对于松散砂层有时会有相反结果，要适当注意。

（三）静压法沉桩施工注意事项

（1）桩的制作质量应满足设计和施工规范要求，其单节长度应结合施工环境条件、沉桩设备的有效高度、地基土质分层情况合理确定。当桩贯穿的土层中夹有砂土层时，确定单节长度应避免桩尖停在砂土层中接桩。

（2）沉桩施工前应掌握现场的土质情况，做好沉桩设备的检查和调试，保证使用可靠，以免发生施工中途间断，引起间歇后沉桩阻力增大，发生桩不能压入的滞桩事故。如果沉桩过程中需要停歇时，应将桩尖停歇在软弱土层中，使继续沉桩时的启动阻力不致过大。

（3）沉桩施工过程中，应随时注意保持桩处于轴心受压状态，如有偏移应及时调正，以免发生桩顶破碎和断桩质量事故。

（4）接桩施工中，应保持上、下节桩的轴线一致，并尽可能缩短接桩时间。采用焊接法时，应两人同时对角对称地进行，焊缝应连续饱满，并填实桩端处间隙，以防止节点变形不均而引起桩身歪斜。采用浆锚法时，应严格按操作工艺进行，保证胶结料浇注后的冷却时间，然后继续加荷施压下沉。

（5）静压法沉桩时所用的测力仪器应经常注意保养、检修和计量标定，以减小检测误差。施工中应随着桩的下沉认真做好检测记录。

（6）压桩机行驶的地基应有足够的承载能力，并保持平正。沉桩时尚应保持压桩机垂直压桩。

（7）沉桩过程中，当桩尖遇到硬土层或砂层而发生沉桩阻力突然增大，甚至超过压桩机最大静压能力而使桩机上抬时，这时可以最大静压力作用在桩上，采取忽停忽压的冲击施压法，使桩缓慢下沉直至穿透硬夹砂层。

（8）当沉桩阻力超过压桩机最大静压力或者由于来不及调正平衡配重，以致使压桩机发生较大上抬倾斜时，应立即停压并采取相应措施，以免造成断桩或其他事故。

（9）当桩下沉至接近设计标高时，不可过早停压。否则在补压时常会发生停止下沉或难以下沉至设计标高的现象。

（10）当采用振动器辅助沉桩法以弥补沉桩设备的静压力不足时，应注意控制振动器的使用，遵守振动器的操作规程，并应随时检查压桩机上的结构螺栓，发现螺栓松动时，应及时紧固，以免发生安全设备事故。

第五节 静钻根植桩法

一、概述

离心成型的先张法高强预应力混凝土管桩等产品（以下简称：PHC桩）自20世纪80年代中期开始在广东、上海、浙江等地开始推广，由于该产品施工方便，工期短，工效高，工程质量可靠，桩身耐打性好，承载力单位造价较钻孔灌注桩等其他常用桩型低等优点，比较适合沿海地区的地质条件，目前已成为我国桩基工程中最广泛使用的桩型。根据我国预应力管桩的生产量来估算，我国的管桩使用长度已经超过20亿m。该产品在我国的高速经济发展中发挥了重要的支撑作用。

但在近年来，由于城市化的快速进展，现有PHC桩产品及其施工方法存在的一些问题使得预制桩的应用受到了一定的限制。PHC桩产品主要的问题有以下几个方面：

（1）在软土地基中作为摩擦桩或端承摩擦桩使用时，由于PHC桩与土体的侧摩阻力较低，加上桩端阻力也不够高，竖向抗压荷载下预制桩桩身强度不能充分发挥。如在浙江沿海的软土地基中，以PHC600（130）桩为例，桩身材料可承受的竖向抗压承载力设计值可达4824kN，其特征值为4824kN/1.35=3573kN，但一般在工程中使用时，竖向抗压承载力特征值通常为 1800 ~ 2500kN，桩身混凝土抗压强度得不到充分利用。

（2）在软土地基的部分工程中，特别是设置有一层或二层地下室工程的开挖时，易发生桩身倾斜，造成对桩身的损害，甚至桩身断裂的现象。其原因主要是现有施工方法产生的挤土效应引起的超静孔隙水压力虽然随时间呈逐渐消散趋势，但完全消散需要数十日或数月的较长时间，被扰动的土体在开挖施工中产生较大的水平力。当桩身的抗弯性能不高，无法承受此水平力及开挖施工机械等的荷载叠加后增大的侧向土压力时，桩身将会出现倾斜甚至断裂现象；

（3）PHC 管桩自 20 世纪 70 年代初期在日本问世以来，经历了数次较高烈度地震。在地震荷载作用下，PHC 管桩破坏基本上发生在桩基最上节。主要破坏形式有桩身出现较大宽度弯曲裂缝、桩头弯曲受压破坏、桩身剪切破坏及剪压破坏。其主要原因是设计使用不当，但根据复核验算也存在上节 PHC 管桩的抗剪及抗弯能力不能承受高烈度下地震荷载作用问题。目前日本在预制桩桩基础上节桩中普遍采用增加了非预应力钢筋及强化螺旋箍筋的 PRC 管桩或离心成型钢管混凝土复合桩（SC 桩）等。

（4）PHC 桩在作为抗拔桩使用时，经常会出现桩身的抗拔承载力设计值达不到设计要求的现象，不得不使用钻孔灌注桩。

现有预制桩的打入及静压施工方法存在的主要问题有：

（1）挤土对周围设施（地下构造物、管线）有影响，这是近年来在沿海地区都市中预制桩无法得到利用的一个重要原因；

（2）穿透各种夹层时有难度，施工不当易对桩身造成宏观或微观的损害；

（3）打入施工产生噪声和空气污染；

（4）软土地基施工时会发生因挤土导致已施工桩的涌起，开挖时容易产生桩身倾斜甚至桩身断裂的现象；

（5）桩顶标高难以控制，而截桩不当易造成桩头破坏或桩身预应力的变化。

另一方面，目前在工程建设中常用的钻孔灌注桩属于非挤土桩，尽管单位承载力下的施工价格比 PHC 桩要高很多，但在城市建设中依然得到广泛应用。据估计，宁波地区的灌注桩市场规模为预制桩市场规模的 3 倍。常用钻孔灌注桩施工中容易发生的问题有：

（1）孔壁缩颈、持力层松动、桩底沉渣等时有发生，质量波动大，不稳定；

（2）钻孔垂直度时有偏差；

（3）水下灌注混凝土，容易产生混凝土离析，强度低等现象；

（4）堵管等造成断桩，塌孔造成桩身混凝土有夹层；

（5）钢筋笼的下落、上浮、偏靠孔壁现象时有发生；

（6）桩顶标高易发生参差不齐，桩顶混凝土质量差；

（7）现场难以保持整洁、文明施工难度大；

（8）与预制桩相比，施工速度慢，效率低；

（9）泥浆排放成为社会问题。

针对以上所述现有 PHC 桩产品及施工方法存在的问题点，通过分析钻孔灌注桩的优缺点，并对日本等国外的一些预制桩产品及施工方法进行研究，结合我国国情，开发了桩身抗拉、抗弯性能高及可增加桩与土体侧摩阻力的新型预制桩产品：复合配筋预应力高强混凝土桩及高强预应力混凝土竹节桩。并通过开发非挤土沉桩新型施工技术静钻根植工法，扩大预制桩在工程建设中的应用领域。

三、静钻根植桩产品性能

针对现有 PHC 桩产品存在的问题，通过试验研究开发了桩身抗拉、抗弯性能高的复合配筋预应力高强混凝土桩及可增加桩与土体侧摩阻力的预应力高强混凝土竹节桩。因两种产品均采用静钻根植工法进行施工，统称为静钻根植桩。

（一）复合配筋预应力高强混凝土桩

复合配筋预应力高强混凝土桩（简称复合配筋桩，代号 PRHC 桩）是通过在现有有效预压应力 AB 型的 PHC 管桩中增加配置非预应力钢筋（钢筋混凝土用热轧带肋钢筋），并根据需要在桩端部配置与端板相接，满足一定长度要求的锚固钢筋，大幅度增加桩身的抗拉、抗弯性能。按非预应力钢筋最小配筋率，PRHC 桩分为 Ⅰ 型、Ⅱ 型、Ⅲ 型、Ⅳ 型，其相应的最小配筋率分别不得低于 0.6%、1.1%、1.6% 和 2.0%。另外，非预应力钢筋的根数不得少于 6 根。PRHC 桩的桩身混凝土强度等级分为 C80、C100。

该产品除用于承受竖向抗压荷载的情况，也适用于承受抗拔荷载、水平荷载作用情况。根据日本的使用经验，对于较高地震设防烈度地区考虑地震作用水平承载的桩基础，通过对 PRHC 桩身受弯承载力和受剪承载力进行验算，可以进行选用。

（二）预应力高强混凝土竹节桩

预应力高强混凝土竹节桩（简称竹节桩，代号 PHDC 桩）是桩身按每米等间隔带有竹节状凸起的异形预制桩产品（图 9.8-7）。为了增加桩与周围土体的摩擦阻力，在满足生产、运输、施工的前提下应尽可能加大节外径与桩身直径之差。目前所开发的 PHDC 桩的节外径比桩身直径大 150 ~ 200mm。具体来讲，PHDC 桩按节外径（mm）及桩身外径（mm）分为：550-400、650-500、800-600、900-700、1000-800 等规格。PHDC 桩的桩身混凝土有效预压应力值与现有预应力管桩相同，分为 A 型、AB 型、B 型和 C 型。

预应力混凝土预制桩放张过程中在对混凝土施加预压应力时，以桩长 15m 为例，根据桩身混凝土承受的预压应力的大小桩身长度会出现 1.5 ~ 4mm 左右的压缩。PHDC 桩生产时为了避免在放张过程中因桩身混凝土的压缩导致桩身与桩身凸起结合部分产生裂缝，需要所使用的钢模在桩身与桩身凸起结合部分能够追随混凝土的变形，确保产品外观质量与产品尺寸符合要求。

PHDC 桩的桩身力学性能计算方法、外观质量要求、尺寸偏差要求等与现有 PHC 管桩相同。通过适当的施工技术，使用该产品可以增加桩身与土体的侧摩阻力。特别是在软土地区，能够大幅度提高桩基的承载能力。通常，PHDC 桩可使用在桩基的下节与中节，上节可以使用桩身直径相同的 PHC 管桩或 PRHC 桩；也可以根据设计要求，通过在 PHDC 桩的上端直径的变换，在上节使用比 PHDC 桩直径大 100mm 或 200mm 的 PHC 管桩或 PRHC 桩来满足上节桩桩身承受的竖向抗压，抗拔荷载。另外，使用更大直径的 PHC 管桩或 PRHC 桩也增加了桩基抗水平荷载的性能，确保开挖过程中桩身能够承受侧向土压力等的作用。

三、静钻根植工法

（一）静钻根植工法施工工艺

为解决现有预制桩施工中存在的挤土、穿透夹层有难度等缺点，提高软土地基中预制桩的抗压、抗拔、抗水平承载力，结合钻孔灌注桩施工与预制桩的优点，研究开发了一种新型的预制桩沉桩施工技术：静钻根植工法。

静钻根植工法桩基端部的扩底固化对发挥承载力是非常重要的，在施工过程中如何实现并确认设计所要求的扩大尺寸是确保承载力发挥的关键之一。静钻根植工法在施工过程中使用液压扩大系统，在钻杆中埋入液压回路进行桩基端部扩底作业。这样可以在地面上操作打开扩大机构，通过验算确认扩大部位的直径。进行扩底作业时，可以根据所在土层的强度指标分数次逐步加大扩底直径直至达到设计要求尺寸。

静钻根植工法的扩底直径可以达到所使用预制桩桩身直径的 1.7 ~ 2.0 倍，高度是钻孔直径的 2.5 倍以上。为确保桩的端阻力能够充分得到发挥，确保桩端扩底部分的强度大于其周围及下部持力层土体自身的强度，需根据持力层土体的强度选择注入一定强度的水泥浆。一般注入水泥浆的水灰比为 0.6 ~ 0.9，注入量是整个扩底部分体积，通过与土的搅拌混合，可以在桩端扩底部形成具有一定强度的水泥土构造。如采用水灰比为 0.6 的水泥浆按扩底部分体积注入时，桩端单位体积注入水泥量为 1090kg/m⊠。根据所在土层的材料特性，所形成的桩端部水泥土的单轴抗压强度在 7 ~ 20MPa 左右。为使桩身与扩底固化端部成为一体共同承受由上部传递的荷载，根据 OGURA 等进行的有限元分析及模型试验，下节预制桩使用竹节桩，通过其凸起部分的承压效果来增强桩身与桩端水泥土的粘结强度，可保证预制桩与桩端水泥土共同工作。

通常，在地下形成的扩底固化端部的形状是难以确认的，KON，OGURA 等通过将扩底固化端部从地下挖出的试验，对扩底端部的尺寸、形状、水泥土强度等进行调查。

为确保静钻根植工法桩基的侧摩阻力的发挥，在钻孔提升钻杆时需注入桩周水泥浆。在竖向荷载作用下，侧摩阻力取决于下列三者间的抗剪强度关系：（1）预制桩桩身与桩周水泥土；（2）桩周水泥土体内部；（3）桩周水泥土与土体。为确保侧摩阻力的发挥，要求预制桩桩身与桩周水泥土之间以及桩周水泥土体内部的抗剪强度要大于土体的抗剪强度。一般情况下，在软土地区下部土层的抗剪强度要高于上部土层，静钻根植工法通过在下部使用竹节桩的桩型组合，大幅度增加桩身与桩周水泥土体之间的抗剪强度，确保其能够大于土体的抗剪强度。通常，浙江地区软土地基土层的极限侧摩阻力标准值为 20 ~ 100kPa 左右，因此桩周水泥土体的最低抗剪强度要大于 100kPa。静钻根植工法设定的桩周水泥土抗剪强度为 150kPa，根据国外相关规范，水泥土的抗剪强度为抗压强度（无侧限）的 1/3 的建议，桩周水泥土的抗压强度设定为 0.5MPa。桩周水泥浆的水灰比为 1.0 ~ 1.5，水泥浆注入量为钻孔内土体有效体积的 30% 以上。

（二）静钻根植桩基的抗压、抗拔、抗水平承载力

静钻根植桩的竖向承载力的确认参照了国外的相关规定，根据国外的大量试验资料，在采用与静钻根植工法相近的工法施工的桩基中，上节桩采用 PHC 管桩或 PRHC 管桩时，侧阻力破坏可能会发生在桩身与水泥土之间，而中下节的 PHDC 竹节桩的侧阻力破坏发生在竹节外侧的水泥土或水泥土和钻孔孔壁原状土之间，因此在上述承载力计算公式中，PHDC 桩身周长取值桩按节外径计算，其他类型桩按桩外径计算。

对于桩端部端阻力的破坏形态，根据国外的室内模型试验和对静载极限荷载试验后开挖出的桩端部进行的确认，在下节桩使用竹节桩的条件下，静载试验桩顶沉降量超过桩身直径 10% 时，桩端水泥土与竹节桩之间能保持一体，不会出现使用 PHC 管桩圆面桩在加载至一定荷载时桩端部因桩身与水泥土间发生破坏，使得加载无法继续的现象。因此，在使用竹节桩的条件下，计算桩端阻力按扩底部投影面积考虑。

第三章 灌注桩施工

第一节 灌注桩概述

一、灌注桩施工的一般规定

（一）资质审查

凡是承担灌注桩桩基工程的施工队伍，经有关主管部门对其进行技术资质审查合格，确认其技术业务范围并领取营业许可证后，方可承担相应的施工任务。

（二）施工准备

1. 资料准备

（1）进行灌注桩基础施工前应取得下列资料：

①建筑场地的桩基岩土工程报告书。

②桩基础工程施工图，包括桩的类型与尺寸，桩位平面布置图，桩与承台的连接，桩的配筋与混凝土强度等级以及承台构造等。

③图纸会审纪要。

④对于危险性较大的桩基工程，应有专家审查表。

⑤建筑场地和邻近区域内的地下管线、地下构筑物、危房、精密仪器车间等的调查资料。

⑥主要施工机械及其配套设备的技术性能资料。

⑦桩基工程的施工组织设计。

⑧水泥、砂、石、钢筋等原料及其制品的质检报告。

⑨桩试成孔、试灌注、桩工机械试运转报告。

⑩桩的静载试验和动测试验资料。

（2）成桩机械及工艺的选择，应根据桩型、钻孔深度、土层情况、泥浆排放及处理条件综合确定。

（3）施工组织设计应结合工程特点，有针对性地制定相应质量管理措施，主要应包括下列内容：

施工平面图：标明桩位、编号、施工顺序、水电线路和临时设施的位置；采用泥浆护壁成孔时，应标明泥浆制备设施及其循环系统。

确定成孔机械、配套设备以及合理施工工艺的有关资料，泥浆护壁灌注桩必须有泥浆处理措施。

施工作业计划和劳动力组织计划；

机械设备、备件、工具、材料供应计划；

桩基施工时，对安全、劳动保护、防火、防雨、防台风、爆破作业、文物和环境保护等方面应按有关规定执行；

保证工程质量、安全生产和季节性施工的技术措施。

（4）施工前应组织图纸会审，会审纪要连同施工图等应作为施工依据，并应列入工程档案。

2.场地准备

进行现场踏勘，掌握施工场地的现状。

（1）了解现场妨碍施工的高空和地下障碍物。如：高架线路（高压线、电话线）；地下管线（各种管道、电缆等）；地下构筑物（旧人防、旧有基础等）。

（2）了解邻近建筑物情况，有无危险房屋、有无精密仪器设备房屋等。

（3）观察场地平整情况。

（4）了解现场道路、水源、电源、排水设施、已有房屋等情况。

3.机械管理

各种桩工机械应建立技术档案和年审制度，必须经有关检查机构定期检查鉴定合格发给铭牌后方可使用；表明主要技术性能和数据的铭牌应镶在设备显眼的地方；不合格机械不得使用。

4.桩基施工用的供水、供电、道路、排水、临时房屋等临时设施，必须在开工前准备就绪，施工场地应进行平整处理，保证施工机械正常作业。

5. 基桩轴线的控制点和水准点应设在不受施工影响的地方。开工前，经复核后应妥善保护，施工中应经常复测。

6. 用于施工质量检验的仪表、器具的性能指标，应符合现行国家相关标准的规定。

（三）基本施工规定

1. 灌注桩是一项质量要求高，施工工序多，并必须在一个短时间内连续完成的地下隐蔽工程。因此，施工必须认真按程序进行，备齐技术资料，编写施工组织设计，做好施工准备。并按有关规范，规程和施工组织设计要求，建立各工序的施工管理制度，岗位责任制，交接班制，质量检查制度，设备和机具的维护保养制度，安全生产制度等。做到事事有分工，人人有专责，使施工有秩序地、快节奏地进行。

2. 不同桩型的适用条件应符合下列规定：

（1）泥浆护壁钻孔灌注桩宜用于地下水位以下的填土、黏性土、粉土、砂土、碎石土及风化岩层；

（2）旋挖钻斗钻成孔灌注桩宜用于黏性土、粉土、砂土、填土、碎石土及风化岩层；

（3）冲孔灌注桩除宜用于上述地址情况外，还能穿透旧基础、建筑垃圾填土或大孤石等障碍物。在岩溶发育地区应慎重使用，采用时，应适当加密勘察钻孔；

（4）长螺旋钻孔压灌桩后插钢筋笼宜用于填土、黏性土、粉土、砂土、非密实的碎石类土、强风化岩；

（5）干作业钻、挖孔灌注桩宜用于地下水位以上的填土、黏性土、粉土、中等密实以上的砂土、风化岩层；

（6）在地下水位较高，有承压水的砂土层、滞水层、厚度较大的流塑状淤泥、淤泥质土层不得选用人工挖孔灌注桩；

（7）沉管灌注桩宜用于黏性土、粉土和砂土；夯扩桩宜用于桩端持力层为埋深不超过 20m 的中、低压缩性黏性土、粉土、砂土和碎石类土。

3. 成孔

（1）成孔设备就位后，必须平正、稳固，确保在施工中不发生倾斜、移动，允许垂直偏差宜为 0.3%，为准确控制成孔深度，应在桩架或桩管上作出控制深度的标尺，以便在施工中进行观测、记录。

（2）成孔的控制深度应符合下列要求：①对于摩擦桩必须保证设计桩长，当采用沉管法成孔时，桩管入土深度的控制以标高为主，并以贯入度（或贯入速度）为辅。②对于端承摩擦桩、摩擦端承桩和端承桩，当采用钻、挖、冲成孔时，必须保证桩孔进入桩端持力层达到设计要求的深度，并将孔底清理干净。当采用沉管法成孔时，桩管入土深度的控制以贯入度（或贯入速度）为主，与设计持力层标高相对照为辅。

（3）为保证成孔全过程安全生产，现场施工和管理人员应做好以下工作：①现场施工和管理人员应了解成孔工艺、施工方法和操作要点，以及可能出现的事故和应采取的预防处理措施。②检查机具设备的运转情况、机架有无松动或移位，防止桩孔发生移动或倾斜。③钻孔桩的孔口必须加盖。④桩孔附近严禁堆放重物。⑤随时查看桩施工附近地面有无开裂现象，防止机架和护筒等发生倾斜或下沉。⑥每根钻孔桩的施工应连续进行，如因故停机，应及时提上钻具，保护孔壁，防止造成塌孔事故，同时应记录停机时间和原因。

4.钢筋笼制作和安放

（1）钢筋笼制作

①钢筋笼的绑扎场地应选择在运输和就位等都比较方便的场所，最好设置在现场内。

②钢筋的种类、钢号及尺寸规格应符合设计要求。

③钢筋进场后应按钢筋的不同型号、不同直径、不同长度分别堆放。

④钢筋笼绑扎顺序大致是先将主筋等间距布置好，待固定住架立筋（即加强箍筋）后，再按规定的间距安设箍筋。箍筋、架立筋与主筋之间的节点可用电弧焊接等方法固定。在直径为 2～3m 级的大直径桩中，可使用角钢及扁钢作为架立钢筋，以增大钢筋笼刚度。

⑤从加工、组装精度，控制变形要求及起吊等综合因素考虑，钢筋笼分段长度一般宜定在 8m 左右。但对于长桩，当采取一些辅助措施后，也可定为 12m 左右或更长一些。

⑥为防止钢筋笼在装卸、运输和安装过程中产生不同的变形，可采取下列措施：

a.在适当的间隔处应布置架立筋，并与主筋焊接牢固，以增大钢筋笼刚度。

b.在钢筋笼内侧暂放支撑梁，以补强加固。当将钢筋笼插入桩孔时，再卸掉该支撑梁。

c.在钢筋笼外侧或内侧的轴线方向安设支柱。

⑦钢筋笼的保护层

为确保桩身混凝土保护层的厚度，一般都在主筋外侧安设钢筋定位器，其外形呈圆弧状突起。定位器在贝诺特法中通常使用直径 9 ~ 13mm 作用的普通圆钢，而在反循环钻成孔法或旋挖钻斗钻成孔法中，为了防止桩孔侧面受到损坏，大多使用宽度为 50mm 左右的钢板，长度 400 ~ 500mm。在同一断面上定位器有 4 ~ 6 处，沿桩长的间距 2 ~ 10m。灌注桩表面间隔体形式较多，除上式弓形间隔体外，还有混凝土环间隔体。

（2）钢筋笼堆放

钢筋笼堆放应考虑安装顺序、钢筋笼变形和防止事故等因素，以堆放两层为好。如果能合理地使用架立筋牢固绑扎，可以堆放三层。

（3）钢筋笼的沉放与连接

钢筋笼沉放要对准孔位、扶稳、缓慢，避免碰撞孔壁，到位后应立即固定。大直径桩的钢筋笼通常是利用吊车将钢筋笼吊入桩孔内。当桩长度较大时，钢筋笼可采用逐段接长法放入孔内。即先将第一段钢筋笼放入孔中，利用其上部架立筋暂时固定在套管（贝诺特桩）或护筒（泥浆护壁钻孔桩）等上部。此时主筋位置要正确、竖直。然后吊起第二段钢筋笼，对准位置后用绑扎或焊接等方法接长后放入孔中。如此逐段接长后放入到预定位置。

待钢筋笼安设完毕后，一定要检测确认钢筋顶端的高度。

5.混凝土的配合比与关注

（1）混凝土的配合比必须满足以下要求：

①混凝土的强度等级不应低于设计要求。

②坍落度应符合以下规定：

a. 用导管水下灌注混凝土坍落度宜为 180～220mm。

b. 非水下直接灌注混凝土（有配筋时）坍落度宜为 80～100mm。

c. 非水下直接灌注素混凝土坍落度宜为 60～80mm。

③粗骨料可选用卵石或碎石，其最大粒径对于沉管灌注桩不宜大于 50mm，并不得大于钢筋间最小净距的 1/3；对于素混凝土桩，不得大于桩径的 1/4；一般不宜大于 70mm。细骨料应选用干净的中、粗砂。混凝土所有原材料必须由质检合格证明。

（2）灌注混凝土宜采用以下方法：

①导管法用于孔内水下灌注。

②串筒法用于孔内无水或渗水量很小时灌注。

③短护筒直接投料法用于孔内无水或虽孔内有水但能疏干时灌注。

④混凝土泵可用于混凝土灌注量大的大直径钻、挖孔桩。

（3）灌注混凝土应遵守下列规定：①检查成孔质量合格后应尽快灌注混凝土。桩身混凝土必须留有试块，直径大于 1m 的桩，每根桩应有 1 组试块，且每个灌注台班不得少于 1 组，每组 3 件。规范要求对少于 50m³ 的混凝土的灌注桩至少应有一组试件，是指单柱单桩或每个承台下的桩。②混凝土灌注充盈系数不得小于 1；一般土质为 1.1；软土为 1.2～1.3。③每根桩的混凝土灌注应连续进行。对于水下混凝土及沉管成孔从管内灌注混凝土的桩，在灌注过程中应用浮标或测锤测定混凝土的灌注高度，以检查灌注质量。④灌注混凝土至桩顶时，应适当超过桩顶设计标高，以保证在凿除浮浆层后，桩顶标高和桩顶混凝土质量能符合设计要求。⑤当气温低于 0℃时，灌注混凝土应采取保温措施，灌注时的混凝土温度不应低于 3℃；桩顶混凝土未达到设计强度的 50% 前不得受冻。当气温高于 30℃时，应根据具体情况对混凝土采取缓凝措施。⑥灌注结束后，应设专人作好记录。

（4）主筋的混凝土保护层厚度不应小于 30mm（非水下灌注混凝土），或不应小于 50mm（水下灌注混凝土）。

（四）质量管理

1. 一般规定

（1）灌注桩施工必须坚持质量第一的原则，推行全面质量管理（全企业、全员、全过程的质量管理）。特别要严格把好成孔（对钻孔桩包括钻孔和清孔，对沉管桩包括沉管和拔管及复打等）、下钢筋笼和灌注混凝土等几道关键工序。每一工序完毕时，均应及时进行质量检验，上一工序质量不符合要求，下一工序严禁凑合进行，以免存留隐患。每一工地应设专职质量检验员，对施工质量进行检查监督。

（2）灌注桩根据其用途、荷载作用性质的不同，其质量标准有所不同，施工时必须严格按其相应的质量标准和设计要求执行。

（3）灌注桩质量要求，主要是指成孔、清孔、拔管、复打，钢筋笼制作、安放，混凝土配制、灌注等工艺过程的质量标准。控制成桩质量，必须控制各个工序过程的质量；每个工序完工后，必须严格按质量标准进行质量检测，并认真做好记录。

2.灌注桩成孔施工允许偏差及质量检验标准

（1）施工前应对水泥、砂、石子（如现场搅拌）、钢材等原材料进行检查，对施工组织设计中制定的施工顺序、监测手段（包括仪器、方法）也应检查。

（2）施工中应对成孔。清渣、放置钢筋笼、灌注混凝土等进行全过程检查，人工挖孔桩尚应复验孔底持力层土（岩）性。嵌岩桩必须有桩端持力层的岩性报告。

（3）施工结束后，应检查混凝土强度，并应做好桩体质量及承载力的检验。（具体要求和做法按国家现行标准规定执行）。

第二节 全套管灌与人工挖孔灌注桩

一、全套管灌注桩

（一）适用范围及原理

1.基本原理

贝诺特（Benoto）灌注桩施工法为全套管施工法的一种。该法利用摇动装置的摇动（或回转装置的回转）使钢套管与土层间的摩阻力大大减少，边摇动（或边回转）边压入，同时利用冲抓斗挖掘取土，直至套管下到桩端持力层为止。挖掘完毕后立即进行挖掘深度的测定，并确认桩端持力层，然后清除虚土。成孔后将钢筋笼放入，接着将导管竖立在钻孔中心，最后灌注混凝土成桩。贝诺特法实质上是冲抓斗跟管钻进法。

2. 优缺点

（1）优点

①振动小，噪声低。

②用套管插入整个孔内，孔壁不会坍落。

③配合各种抓斗，几乎各种土层、岩层均可施工。

④可在各种杂填土中施工，适合旧城改造的基础工程。

⑤无泥浆污染，环保效果好，施工现场整洁文明，很适合于在市区的施工。

⑥可确切地搞清持力层土质，选定合适的桩长。

⑦因用套管，可靠近既有建筑物施工。

⑧容易确保确实的桩断面形状。

⑨可挖掘小于套管内径 1/3 的石块。

⑩因含水比例小，较容易处理虚土，也便于余土外运。

⑪可避免采用泥浆护壁法的钻、冲击成孔时产生的泥膜和沉渣时灌注桩承载力削弱的影响。

⑫由于钢套管护壁的作用，可避免泥浆护壁钻（冲）孔灌注桩可能发生的缩颈，断桩及混凝土离析等质量问题。

⑬由于应用全套管护壁可避免泥浆护壁法成孔难以解决的流砂问题。

⑭可作斜桩。

⑮成孔和成桩质量高。

⑯充盈系数小，节约混凝土。

（2）缺点

①因是大型机械，施工时要有较大场地。

②地下水位下有厚细砂层（厚度 5m 以上）时，拉拔套管困难。

③在软土及含地下水的砂层中挖掘，因下套管时的摇动使周围地基松软。

④桩径有限制。

⑤无水挖掘时需注意防止缺氧、有害气体等发生。

⑥容易发生涌砂、隆起现象。

⑦会发生钢筋笼上升事故。

⑧工地边界到桩中心的距离比较大。

3. 适用范围

贝诺特灌注桩几乎任何土质和岩层均可适用。但在孤石、岩层成孔时，成孔效率将显著降低。当地下水位有厚细砂层（厚度 5m 以上）时，由于摇动或回转作业使砂层产生排水固结现象，造成压进或拉拔套管困难，应避免在有厚砂层的土层中使用，如要施工，则需采取措施。

（二）施工机械及设备

贝诺特钻机又称全套管钻机，是由法国贝诺特公司于 50 年代初开发和研制而成。我国于 70 年代开始引进此类钻机。1994 年起昆明捷程桩工有限责任公司结合我国国情研制开发出中、小型捷程牌 MZ 系列摇动式全套管钻机（又名磨桩机或搓管机）30 余套，与兄弟单位共同开发出捷程 MZ 全套管冲抓斗取土和全套管旋挖钻斗钻取土灌注桩及全套管软切割钻孔咬合灌注桩施工工法，并在全国数百项工程中得以应用。2001 年和 2004 年，国土资源部勘探技术研究所和北京嘉友心诚工贸有限公司先后开发出冲抓型搓管机和旋挖型搓管机。

1. 全套管钻机分类

全套管钻机按结构可分为摇动式和回转式两大类。每一大类又可分为自行式（本机挖掘）和附着式（履带式起重机挖掘）两类。

全套管钻机按动力可分为发动机式和电动机式。

全套管钻机按其成孔直径可分为小型机（直径在 1.2m 以下）；中型机（直径在 1.2 ～ 1.5m 之间）和大型机（直径在 1.5 ～ 2.0m 之间或更大）。

回转式与摇动式相比具有以下优点：①可切割抗压强度为 275N/mm^2 的岩石；②挖掘深度可超过 150m；③可在钻孔过程中保持 1/500 的垂直精度；④套管与套管之间的连接部受力情况更趋合理，寿命提高；⑤套管的 360° 连续全回转可以避免多次拆装夹紧油缸的液压油管，提高施工效率；⑥可配合反循环岩石钻头和岩石扩孔钻头钻进。

2. 摇动式全套管钻机的构造及工作原理

摇动式全套管钻机是由钻机、锤式抓斗、动力装置和套管组成。

（1）钻机

钻机是整套机组中的工作机，由导向和纠偏机构、摇动装置、沉拔管液压缸、摇动臂和底架等组成。

导向和纠偏机构的作用是，在沉管前将套管（尤其是第一节套管）的垂直精度调整到允许的范围内。

摇动式装置是由夹管液压缸、夹管装置和摇动臂等组成。摇动装置的作用是，当将套管放入夹管装置后，收缩夹管液压缸，夹管装置即将套管夹持住，然后通过两个摇动臂上的摆动液压缸来回顶缩，夹管装置和套管即在一定的角度内以顺时针和逆时针方向转动。这样套管剪切土体，因此套管与土体间的摩阻力大大减少，套管逐渐压入土中。

（2）锤式抓斗

锤式抓斗的工作过程如下：

①抓斗在初始状态时，抓斗片（又称抓爪）呈打开状态。

②当套管压入土中，卷扬筒突然放松，抓斗以落锤（自由落体）方式向套管内冲入切土。

③收缩专用钢丝绳，并提升动滑轮，抓斗片即通过与动滑轮相连接的连杆，使其抓土合拢。

④继续卷扬收缩，抓斗被提出套管。

⑤松开卷扬筒，动滑轮靠自重下滑，带动专用钢丝绳向下。

⑥专用钢丝绳上凸缘滑过下棘爪斜面，继续下松，使抓斗片打开弃土。

锤式抓斗的抓斗片有二瓣式和三瓣式，前者适用于土质松软的场合，抓土较多；后者适用于硬土层，但抓土量较少。

抓斗的抓斗片、凿槽锤和十字凿锤，可根据不同的土层地质条件选用不同的抓斗片。

（3）动力装置

动力装置由发动机、轴向柱塞泵、皮带盘、液压油箱和柴油箱等组成，并全部安装在底盘上。

（4）套管

全套管钻机用的套管一般分为1m、2m、3m、4m、5m和6m等不同的长度，施工时可根据桩的长度进行配套使用。

因套管入土过程中受较大的扭矩，故套管一般均为双层结构。套管由上下接头和双层卷管焊接而成。上下接头均为经过精确加工的雌雄接头，便于套管准确连接，并且有互换性。套管之间的连接借助于内六角螺栓，下接头孔眼为光孔，上接头孔眼为螺纹孔。

在第一节套管的端部连接一段带有刃口的短套管，这些刃口都用硬质合金组成齿状的端部，短套管的直径比标准套管大 20 ~ 40mm，在下沉过程中以减小上部标准套管与孔间的摩阻力。

（三）摇动式全套管冲抓取土灌注桩施工工艺

1. 施工程序

（1）埋设第一节套管。

（2）用锤式抓斗挖掘，同时边摇动套管边把套管压入土中。

（3）连接第二节套管，重复第（2）步程序。

（4）依次连接、摇动和压入其他节套管，直至套管下到桩端持力层为止。

（5）挖掘完毕后立即测定挖掘深度、确认桩端持力层、清除孔底虚土。

（6）将钢筋笼放入孔中。

（7）插入导管。

（8）灌注混凝土。

（9）边灌注混凝土，边拔导管，边拔套管。

2. 施工特点

（1）具有摇动套管装置，压入套管和挖掘同时进行。

用摇动臂及专有的夹紧千斤顶将套管夹住，利用摇动千斤顶使套管在圆周方向摇动。此外尚可向下压进或向上拔出套管。由于摇动，使套管与地层间的摩阻力大大减少，借助套管本身的自重就很容易使套管下沉。

（2）抓斗片的张开、落下以及关闭、拉上用一根钢丝绳操作。

3. 施工要点

（1）钻机安装和开始挖掘需要进行以下作业

①对于打设竖直桩的情况，在成孔前应将钻机用水准仪校正找平，成孔机具中心必须与桩中心一致。

②埋设第一、二节套管必须竖直，这是决定桩孔垂直度的关键。

与第一节套管组合的第一组套管必须保持很高的精度，细心地压入。全套管桩的垂直精度几乎完全由第一组垂直精度决定。第一组套管安好后要用两台经纬仪或两组测锤从两个正交方向校正其垂直度，边校正、边摇动套管、边压入，不断校核垂直度，使套管超前 1m，然后开始使用锤式抓斗掘凿。规范要求钻孔灌注桩的垂直度偏差不超过 1%。但如果钻进很深时，套管即使有些微误差，也会在孔底产生较大的桩心位移。

③利用全套管钻机将套管逐节小角度往复振摇并压入地层的同时，利用锤式抓斗和凿槽锥及十字凿锤等凿岩器具，将套管内的岩土冲凿抓取出地面，摇管和冲抓交替进行，直至套管下到桩端持力层为止。

（2）套管刃尖与挖掘底面关系应遵守下列原则

①一般土质的场合，套管刃尖可先行压进，也可与挖掘底面保持几乎同等深度的情况下压进。

②在不易坍塌的土质中，套管压进困难时，往往不得已取某种程度的超挖措施。

③在漂石、卵石层中挖掘时，套管不可能先行压进，可采取某种程度的超挖措施，但必须使周围土层的松弛最小。

（3）在砂土中成桩时的注意事项

在水位以下厚细砂层（厚度超过 5m）中成孔，摇动套管可能使砂密实而钳紧套管从而造成压进或拉拔套管困难。为此在操作时必须慎重，可事先制定好以下处理措施：抓斗的落距尽可能降低；套管的压进或拉拔应止于最低限度；套管不应长期放置在地基中作业；预备液压千斤顶以应付套管压拔困难的特殊情况；等等。

（4）在漂、卵石层中成孔应采用以下方法

①在卵石层中应采用边挖掘边跟管的方法。

②遇粒径 300mm 的漂石层，应先超挖 400mm 左右，把漂石抓出后，必须向孔内填入黏土或膨润土，填土部分应大于钻孔直径，再插入套管；如此反复操作突破该土层。

③遇个别大漂石，用凿槽锥顺着套管小心冲击，把漂石拨到中间后抓出；也可用十字冲锤予以击碎或挤出孔外；当遇有大于 2 倍桩径的漂石时，可结合人工爆破予以清除。

（5）在硬岩层中成孔时，要结合人工处理，如采用风镐破碎或爆破等措施。

（6）当遇含水层时，应将套管先摇钻至相对隔水层，再予以冲抓，如果孔内水量较大，则要采用筒式取水器提取泥浆。

（7）孔底处理方法如下：

①孔内无水，可下人入孔底清底。

②虚土不多且孔内无水或孔内水位很浅时，可轻轻地放下锤式抓斗，细心地掏底。

③孔内水位高且沉淀物多时，用锤式抓斗掏完底以后，立即将沉渣筒吊放到孔底，搁置 15～30min（当孔深时，要事先测出泥渣沉淀完了所需时间，以决定沉渣筒搁置时间），待泥渣充分沉淀以后，再将沉渣提上来。

④当采取上述第 3 项办法，仍认为孔底处理不够充分时，可在灌注混凝土之前，采用普通导管的空气升液排渣法或空吸泵的反循环方式等将沉渣清除。

（8）提高单桩承载力的措施

由于套管摇动降低桩侧阻力，由于抓斗冲击挖掘降低桩端阻力，可采取以下措施来提高单桩承载力。

①提高桩侧阻力的措施

用振捣棒自下而上分段捣实混凝土，确保混凝土与土紧密接触；

桩侧压力注浆法：将压浆管（管径 25mm，压浆孔径 10mm，孔距 300mm，用塑料薄膜保护孔口）附在钢筋笼上一起放入孔内，在桩身混凝土灌注结束后 2h 内注浆，使桩与土紧密接触；

采用套管提升回降压密法，即边灌混凝土边提拔套管，每提升一段又下降少许，提升高度不得超过混凝土面的高度，使套管刃脚在下降时挤密下部混凝土，以充填桩与土之间的空隙。

②提高桩端阻力的措施

用旋喷法加固桩端持力层；

压浆补强法；

重锤夯实加固；

桩端压力注浆法。

（9）钻机使用要点

①与附着式钻机相匹配的起重机，应根据成桩时所需的高度和起重量进行选择。

②在套管内挖掘土层时，碰到坚硬土岩和风化岩硬层时严禁用锤式抓斗冲击硬层，应用十字凿锤将硬层有效地破碎后，才能继续挖掘。

③用锤式抓斗挖掘套管内土层时，必须在套管上加上喇叭口，以保护套管接头的完好，防止撞坏。

④套管在对接时，接头螺栓应按说明书要求的扭矩，对称扭紧。接头螺栓拆下时，应立即洗净并浸入油中。

⑤起吊套管时，严禁用卸甲直接吊在螺纹孔内，应使用专用工具吊装，以免损坏套管螺纹。

⑥在施工中如出现其他故障使套管不能压入或拔出时，应定时将埋在土中的套管摇动。

⑦每天施工完毕，应将锤式抓斗内外冲洗干净。

（四）回转式全套管钻机冲抓取土灌注桩施工的施工流程

①将回转式全套管装置放在桩位上，对准桩心，固定好液压动力箱并通过液压油管将其与全套管装置相连接。

②将地锚配重固定好，从而获得反力，利用水平调整油缸将全套管装置的水平位置调整好。

③进行挖掘桩孔前的准备，用履带起重机吊起第一节套管放入全套管装置内，回转套管并将其压入。

④进行挖掘桩孔工作，用锤式抓斗取土，并接长套管，依次逐节进行，

直到套管下到桩端持力层为止。

⑤测定深度，清除孔底虚土，放钢筋笼，插入导管，灌注混凝土，边拔出导管和套管，成桩。

二、人工挖（扩）孔灌注桩

（一）适用范围及原理

1. 基本原理

人工挖（扩）灌注桩是指在桩位采用人工挖掘方法成孔（或桩端扩孔），然后安放钢筋笼，灌注混凝土成为支承上部结构的基桩。

2. 优缺点

（1）优点

①环保效益显著

成孔机具简单，作业时无振动，无噪声，不扰民，环境污染小，当施工场地狭窄，邻近建筑物密集或桩数较少时尤为适用。

②环境适应能力强

不受地层情况的限制，适应各类岩土层。

③应用范围广

挖孔桩设计桩径和桩长的选择幅度大，因而单桩承载力变化范围大，既可用于多层建筑，也可用于高层建筑和超高层建筑，既可用于高耸结构物，也可用于大吨位桥桩；既能承受较大的竖向荷载，也能承受较大的水平荷载；既能用作承重桩，也能用于坡地抗滑桩、堤岸支护桩和基坑围护桩；这样宽广的应用范围是其他桩型所没有的。

④施工期短

可按施工进度要求分组同时作业，若干根桩孔齐头并进。

⑤在正常施工条件下质量有保证

由于人工挖掘，既便于检查孔壁和孔底，可以核实桩孔地层土质情况，也便于清底，孔底虚土能清除干净；大多数情况下，桩身混凝土在无水环境下干作业灌注，边灌注边振捣，施工质量可靠。

⑥承载力大

桩端可以人工扩大，以获得较大的承载力，可满足一柱一桩的要求。

⑦造价低

施工机具简单，投资省，加上我国劳动力便宜，施工费用低；挖孔桩与功能相近的钻孔桩相比，桩身混凝土坍落度小，水灰比小，桩顶超灌高度减小，均可节约水泥；挖孔桩不用泥浆，可免除开挖泥浆池、沉淀池和排浆沟及泥浆处理和外运，节约费用；挖孔桩往往按一柱一桩进行设计，可以节省承台费用；挖孔桩单桩承载力往往也由桩身强度控制，使桩身强度能充分发挥，因而单位承载力的造价较便宜。

（2）缺点

①桩孔内空间狭小，工人劳动强度大，作业环境差，施工文明程度低。

②人员在孔内上下作业，稍一疏忽，容易发生人身伤亡事故。故某些地区住建委发出逐步限制和淘汰人工挖孔灌注桩的通知。

③在地下水位高的饱和粉细砂层中挖孔施工，容易发生流砂突然涌入桩孔而危及工人生命的严重事故。

④在高地下水位场地，挖孔抽水易引起附近地面沉降、路面开裂、水管渗漏、房屋开裂或倾斜等危害。

⑤在富含水地层中挖孔，如果没有可靠的技术和安全措施，往往造成挖孔失败。

⑥在低层或小开间多层建筑及单柱荷载较小的工业建筑采用人工挖孔桩，其造价并不便宜。

3. 适用范围

人工挖（扩）孔桩适宜在地下水位以上或地下水较少的情况下施工，适用于人工填土层、黏土层、粉土层、砂土层、碎石土层和风化岩层，也可在黄土、膨胀土和冻土中使用，适应性较强。

采取严格而恰当的施工工艺及措施也可在地下水位高的软土地区中应用。我国华东华南及华中地区等高地下水位软土地区的高层建筑中均有成功地采用人工挖（扩）孔桩基础的大量例子。以广东惠州地区为例，其所用的桩，几乎75%为人工挖（扩）孔桩。

在覆盖层较深且具有起伏较大的基岩面的山区和丘陵地区建设中，采用不同深度的挖孔桩，将上部荷载通过桩身传给基岩，技术可靠，受力合理。

因地层或地下水的原因，以下情况挖掘困难或挖掘不能进行，如地下水的涌水量多且难以抽水的地层；有松砂层，尤其是地下水位下有松砂层；有连续的极软弱土层；孔中氧气缺乏或有毒气发生的地层。

根据以上情况，当高层建筑采用大直径钢筋混凝土灌注桩时，人工挖孔往往比机械成孔具有更大的适应性。

在日本也采用人工挖（扩）孔桩，由于国情不同，日本建筑界认为人工挖孔比机械成孔施工速度慢、造价高。

4. 构造尺寸

人工挖（扩）孔桩的桩身直径一般为 800～2000mm，最大直径在国外已达 8000mm，在国内已达 8200mm。桩端可采用不扩底和扩底两种方法。视桩端土层情况，扩底直径一般为桩身直径的 1.3～2.5 倍。

挖孔桩的孔深一般不宜超过 25m。当桩长 L ≤ 8m 时，桩身直径（不含护壁，下同）不宜小于 0.8m；当 8m < L ≤ 15m 时，桩身直径不宜小于 1.0m；当 15m < L ≤ 20m 时，桩身直径不宜小于 1.2m；当桩长 L ≥ 20m 时，桩身直径应适当加大。

（二）施工机具

常用的施工机具有：

1. 电动葫芦（或手摇辘护）、定滑轮组、导向滑轮组和提土筒，用于材料和弃土的垂直运输以及供施工人员上下。

2. 护壁钢模板（国内常用）或波纹模板（日本用）。

3. 潜水泵，用于抽出桩孔中的积水。

4. 鼓风机和送风管，用于向桩孔中强制送入新鲜空气。

5. 镐、锹、土筐等挖土工具，若遇到硬土或岩石还需准备风镐。

6. 插捣工具，以插捣护壁混凝土。

7. 应急软爬梯。

8. 防水照明灯（低压 12V，100W）。

上述第 2 项模板主要应用于混凝土护壁施工，当采用其他护壁形式时，还有相应的施工机具。

（三）施工工艺

1. 施工特点

（1）施工设备简单，均属小型设备，重量轻，移动方便。

（2）挖孔热源需要下到孔内作业，活动余地小，工作环境恶劣，情况复杂，易发生人身安全事故，故制定严密、健全的安全措施是进行人工挖孔桩施工的首要条件。

（3）为确保人工挖（扩）孔桩施工过程中的安全，必须考虑防止土体坍滑的支护措施。针对各种具体情况，支护的方法很多，例如：采用现浇混凝土护壁、喷射混凝土护壁、砖砌护壁、钢板护壁、波纹钢模板工具式护壁、双液高压注浆止水后现浇混凝土护壁、半模钢筋稻草混凝土护壁、双模护壁（砖砌外模加混凝土内模护壁）、钢护筒护壁钢筋混凝土护筒护壁、高压喷射混凝土隔水帷幕及自沉式护壁等。国内多采用现浇混凝土护壁。

2. 施工程序

采用现浇混凝土分段护壁的人工挖孔桩的施工程序：

（1）放线定位

按设计图纸放线、定桩位。

（2）设置操作平台、提土支架和防雨棚

在桩孔顶设置操作平台，平台可用角钢和钢板制成半圆形，两个合起来即为一个整圆，用来临时放置混凝土拌合料和灌注扶壁混凝土用。同时架设提土支架，以便安装手摇辘转或电动葫芦和提土桶。视天气情况，也应搭设防雨或防雪棚。

（3）开挖土方

采取分段开挖，每段高度决定于土壁保持直立状态的能力，一般以0.8～1.0m为一施工段。

挖土由人工从上到下逐段用镐、锹进行，遇坚硬土层用锤、钎破碎。同一段内挖土次序为先中间后周边。扩底部分采取先挖桩身圆柱体，再按扩底尺寸从上到下削土修成扩底形。挖至孔底应复验孔底持力层土（岩）性，并按要求清理虚土，测量孔深，计算虚土厚度，达到设计要求。

弃土装入活底吊桶或箩筐内。垂直运输则在孔口安支架、工字轨道、电动葫芦或架三木塔、用 10 ~ 20kN 慢速卷扬机提升。桩孔较浅时，亦可用木吊架或木辘护借粗麻绳提升。吊至地面上后用机动翻斗车或手推车运出。

在地下水以下施工应及时用吊桶将泥水吊出。如遇大量渗水，则在孔底一侧挖集水坑，用高扬程潜水泵排出桩孔外。

（4）测量控制

桩位轴线采取在地面设十字控制网，基准点。安装提升设备时，使吊桶的钢丝中心与桩孔中心线一致，以作挖土时粗略控制中心线用。

（5）支护护壁模板

模板高度取决于开挖土方施工段的高度，一般为 1m，由 4 块或 8 块活动钢模板组合而成。

护壁支模中心线控制，系将桩控制轴线、高程引到第一节混凝土护壁上，每节以十字线对中，吊大线锤控制中心点位置，用尺杆找圆周，然后由基准点测量孔深。

（6）灌注护壁混凝土

护壁混凝土要注意捣实，因它起着护壁与防水双重作用，上下护壁间搭接 50 ~ 75mm。护壁分为外齿式和内齿式两种，1 外齿式的优点：作为施工用的衬体，抗塌孔的作用更好；便于人工用钢钎等捣实混凝土；增大桩侧摩阻力。内齿式的优点：挖土修壁及支模简便。

护壁通常为素混凝土，但当桩径、桩长较大，或土质较差、有渗水时应在护壁中配筋，上下护壁的主筋应搭接。

分段现浇混凝土护壁厚度，一般由地下最深段护壁所承受的土压力及地下水的侧压力确定，地面上施工堆载产生侧压力的影响可不计。

护壁混凝土强度采用 C25 或 C30，厚度一般取 100 ~ 150mm，大直径人工挖孔桩的护壁厚度可达 200 ~ 300mm；加配的钢筋可采用 φ6 ~ 9mm。混凝土护壁宜高出地面 200mm，便于挡水和定位。

（7）拆除模板继续下一段的施工

当护壁混凝土达到一定强度（按承受土的侧向压力计算）后便可拆除模板，一般在常温情况下约 24h 可以拆除模板，再开挖下一段土方，然后继续支模灌注护壁混凝土，如此循环，直到挖到设计要求的深度。

（8）钢筋笼沉放

钢筋笼就位，对质量1000kg以内的小型钢筋笼，可用带有小卷扬机和活动三木搭的小型吊运机具，或汽车吊吊放入孔内就位。对直径、长度、重量大的钢筋笼，可用履带吊或大型汽车吊进行吊放。

（9）排除孔底积水，灌注桩身混凝土

在灌注混凝土前，应先放置钢筋笼，并再次测量孔内虚土厚度，超过要求进行清理，混凝土坍落度为 70 ~ 100mm。

混凝土灌注可用吊车吊混凝土吊斗，或用翻斗车，或用手推车运输向桩孔内灌注，混凝土下料用串桶，深桩孔用混凝土导管。混凝土要垂直灌入桩孔内，避免混凝土斜向冲击孔壁，造成塌孔（对无混凝土护壁桩孔的情况）。

混凝土应连续分层灌注，每层灌注高度不得超过1.5m。对于直径较小的挖孔桩，距地面6m以下利用混凝土的大坍落度（掺粉煤灰或减水剂）和下冲力使之密实；6m以内的混凝土应分层振捣密实。对于直径较大的挖孔桩应分层捣实，第一次灌注到扩底部位的顶面，随即振捣密实；再分层灌注桩身，分层捣实，直至桩顶。当混凝土灌注量大时，可用混凝土泵车和布料杆。在初凝前抹压平整，以避免出现塑性收缩裂缝或环向干缩裂缝。表面浮浆应凿除，使之与上部承台或底板连接良好。

3.施工注意事项

（1）施工安全措施

①安全措施的重要性

人工挖孔桩因挖孔人员需要下到孔内操作，活动余地小，工作环境恶劣，孔深可达数十米，情况复杂，因此桩基施工中发生人身安全事故以人工挖孔桩位最多。多年来，人工挖孔桩施工作业因塌方、毒气、高处坠物、触电而造成的人员伤亡等重大安全事故时有发生。事故表明：人工挖孔桩是一种危险性高、作业环境恶劣且难以施工安全管理的成桩方法。从以人为本的观念出发，制定人工挖孔桩的严密、健全的安全措施是实施人工挖孔桩工程的首要条件。

②主要的安全措施

1）从事挖孔桩作业的工人以健壮男性青年为宜，并须经健康检查和井下、高空、用电、吊装及简单机械操作等安全作业培训且考核合格后，方可进入现场施工。

2）在施工图会审和桩孔挖掘前，要认真研究钻探资料，分析地质情况，对可能出现流砂、管涌、涌水以及有害气体等情况应制定有针对性的安全防护措施。如对安全施工存在疑虑，应事先向有关单位提出。

3）施工现场所有设备、设施、安全装置、工具、配件以及个人劳保用品等必须经常进行检查，确保完好和安全使用。

4）为防止孔壁坍塌，应根据桩径大小和地质条件采取可靠的支护孔壁的施工方法。

5）孔口操作平台应自成稳定体系，防止在护壁下沉时被拉垮。

6）在孔口设水平移动式活动安全盖板，当提土桶提升到离地面约1.8m，推活动盖板关闭孔口，手推车推至盖板上卸土后，再打开盖板，放下提土桶装土，以防土块、操作人员掉入孔内伤人、采取电葫芦提升提土桶，桩孔四周应设安全栏杆。

7）孔内必须设置应急软爬梯，供人员上下孔使用的电葫芦、吊笼等应安全可靠并配有自动卡紧保险装置，不得使用麻绳和尼龙绳吊扶或脚踏井壁凸缘上下。电葫芦宜用按钮式开关，使用前必须检验其安全吊线力。

8）吊运土方用的绳索、滑轮和盛土容器完好牢固，起吊时垂直下方严禁站人。

9）施工场地内的一切电源、电路的安装和拆除必须由持证电工操作，电器必须严格接地、接零和使用漏电保护器。各孔用电必须分闸，严禁一闸多用。孔上电缆必须架空2.0m以上，严禁拖地和埋压土中，孔内电缆电线必须由防湿、防潮、防断等保护措施。

照明应采用安全矿灯或12V以下的安全灯。

10）护壁要高出地表面200mm左右，以防杂物滚入孔内。孔周围要设置安全防护栏杆。

11）施工人员必须戴安全帽，穿绝缘胶鞋。孔内有人时，孔上必须有人监督防护，不得擅自离岗位。

12）当桩孔开挖深度超过5m时，每天开工前应进行有毒气体的检测；

挖孔时要时刻注意是否有毒气体；特别是当孔深超过10m时要采取必要的通风措施，风量不宜少于25L/s。

13）挖出的土方应及时运走，机动车不得在桩孔附近通行。

14）加强对孔壁土层涌水情况的观察，发现异常情况，及时采取处理措施。

15）灌注桩身混凝土时，相邻10m范围内的挖孔作业应停止，并不得在孔底留人。

16）暂停施工的桩孔，应加盖板封闭孔口，并加0.8～1m高的围栏围蔽。

17）现场应设专职安全检查员，在施工前和施工中应进认真检查；发现问题及时处理，待消除隐患后再行作业；对违章作业有权制止。

（2）挖孔注意事项

①开挖前，应从桩中心位置向桩四周引出四个桩心控制点，用牢固的木桩标定。当一节桩孔挖好安装护壁模板时，必须用桩心点来校正模板位置，并应设专人严格校核中心位置及护壁厚度。

②修筑第一节孔圈护壁（俗称开孔）应符合下列规定：

1）孔圈中心线应和桩的轴线重合，其与轴线的偏差不得大于20mm。

2）第一节孔圈护壁应比下面的护壁厚100～150mm，并应高出现场地表明200mm左右。

③修筑孔圈护壁应遵守下列规定：

1）护壁厚度、拉结钢筋或配筋、混凝土强度等级应符合设计要求。

2）桩孔开挖后应尽快灌注护壁混凝土，且必须当天一次性灌注完毕。

3）上下护壁间的搭接长度不得少于50mm。

4）灌注护壁混凝土时，可用敲击模板或用竹竿木棒等反复插捣。

5）不得在桩孔水淹没模板的情况下灌注护壁混凝土。

6）护壁混凝土拌合料中宜掺入早强剂。

7）护壁模板的拆除，应根据气温等情况而定，一般可在24小时后进行。

8）发现护壁有蜂窝、漏水现象应及时加以堵塞或导流，防止孔外水通过护壁流入桩孔内。

9）同一水平面上的孔圈二正交直径的极差不宜大于50mm。

④多桩孔同时成孔，应采取间隔挖孔方法，以避免相互影响和防止土体滑移。

⑤遇到流动性淤泥或流砂时，可按下列方法进行处理：

1）减少每节护壁的高度（可取 0.3 ~ 0.5m），或采用钢护筒，预制混凝土沉井等作为护壁，待穿过松软层或流砂层厚，再按一般方法边挖掘边灌注混凝土护壁，继续开挖桩孔。

2）当采用（1）方法后仍无法施工时，应迅速用砂回填桩孔到能控制坍孔位置，并会同有关单位共同处理。

3）开挖流砂严重时，应先将附近无流砂的桩孔挖深，使其起集水井作用。集水井应选在地下水流的上方。

⑥遇坍孔时，一般可在塌方处用砖砌成外模，配适当钢筋（φ6 ~ 9mm，间距 150mm）再支钢内模灌注混凝土护壁。

⑦当挖孔至桩端持力层岩（土）面时，应及时通知建设，设计单位和质检（监）部门对孔底岩（土）性进行鉴定。经鉴定复合设计要求后，才能按设计要求进行入岩挖掘或进行扩底端施工，不能简单地按设计图纸提供的桩长参考数据来终止挖掘。

⑧扩底时，为防止扩底部塌方，可采取间隔挖土扩底措施，留一部分土方作为支撑，待灌注混凝土前挖除。

⑨终孔时，应清除护壁污泥、孔底残渣、土、杂物和积水，并通知建设单位，设计单位及质检（监）部门对孔底性状、尺寸、土质、岩性、入岩深度等进行检验，检验合格后，应迅速封底、安装钢筋笼、灌注混凝土、孔底岩样应妥善保存备查。

第三节 循环钻成孔灌注桩

一、反循环钻成孔灌注桩

（一）适用范围及原理

1. 基本原理

反循环钻成孔施工法是，在桩顶处设置护筒（其直径比桩径大 15% 左右），护筒内的水位要高出自然地下水位 2m 以上，以确保孔壁的任何部分均保持 0.02MPa 以上的静水压力保护孔壁不坍塌，因而钻挖时不用套管，钻机工作时，旋转盘带带动钻杆端部的钻头钻挖孔内土。在钻进过程中，冲洗液（又称循环液）从钻杆与孔壁间的环状间隙中流入孔底，并携带被钻挖下来的岩土钻渣，由钻杆内腔返回地面，与此同时，冲洗液又返回孔内形成循环，这种钻进方法称为反循环钻进。

反循环钻成孔施工按冲洗液（指水或泥浆）循环输送的方式，动力来源和工作原理可分为泵吸、气举和喷射等方法。

2. 优缺点

（1）优点

①振动小、噪声低。

②除个别特殊情况外，一般可不必使用稳定液（稳定液的含义见 10.8 节），只用天然泥浆即可保护孔壁。

③因钻挖钻头不必每次上下排弃钻渣，只要接长钻杆，就可以进行深层钻挖。目前最大成孔直径为 4.0m，最大成孔深度为 150m。

④采用特殊钻头可钻挖岩石。

⑤反循环钻成孔采用旋转切削方式，钻挖靠钻头平稳的旋转，同时将土砂和水吸升；钻孔内的泥浆压力抵消了孔隙水压力，从而避免涌砂现象。因此，反循环钻成孔是对付砂土层最适宜的成孔方式，这样，可钻挖地下水位下厚细砂层（厚度 5m 以上）。

⑥可进行水上施工。

⑦钻挖速度较快。例如，对于普通土质，直径 1m，深度 30 ~ 40m 左右的桩，每天可完成一根。

（2）缺点

①很难钻挖比钻头的吸泥口径大的卵石（15cm 以上）层。

②土层中有较高压力的水或地下水流时，施工比较困难（针对这种情况，需加大泥浆压力方可钻进）。

③如果水压头和泥水比重等管理不当，会引起坍孔，

④废泥水处理量大；钻挖出来的土砂中水分多，弃土困难。

⑤由于土质不同，钻挖时桩径扩大 10% ~ 20% 左右，混凝土的数量将

随之增大。

3.适用范围

反循环钻进成孔适用于填土、淤泥、黏土、粉土、砂土、砂砾等地层；当采用圆锥式钻头可进入软岩；当采用滚轮式（又称牙轮式）钻头可进入硬岩。

反循环钻进成孔不适用于自重湿陷性黄土层，也不宜用于无地下水的地层。

泵吸反循环经济，孔深一般不大于80m，以获得较好的钻孔效果，国内多数建筑物的钻孔灌注桩基的孔深多数在这范围内，所以建筑界用泵吸反循环钻成孔居多。温州世贸中心成功地应用120m超深泵吸反循环钻成孔灌注桩。

大型深水桥梁钻孔灌注桩长度超过100m的已十分普遍，一般均采用气举反循环钻成孔。

（二）施工工艺

1.施工程序

（1）设置护筒。

（2）安装反循环钻机。

（3）钻进。

（4）第一次处理孔底虚土（沉渣）。

（5）移走反循环钻机。

（6）测定孔壁。

（7）将钢筋笼放入孔中。

（8）插入导管。

（9）第二次处理孔底虚土（沉渣）。

（10）水下灌注混凝土，拔出导管。

（11）拔出护筒，成桩。

2.施工特点

（1）反循环施工法是在静水压力下进行钻进作业的，故护筒的埋设是反循环施工作业中的关键。

护筒的直径一般比桩径大 15% 左右。护筒端部应打入在黏土层或粉土层中，一般不应打入在填土层或砂层或砂砾层中，以保证护筒不漏水。如确实需要将护筒端部打入在填土、砂或砂砾层中时，应在护筒外侧回填黏土，分层夯实，以防漏水。

（2）要使反循环施工法在无套管情况下不坍孔，必须具备以下五个条件。

①确保孔壁的任何部分的静水压力在 0.02MPa 以上，护筒内的水位要高出自然地下水位 2m 以上。

②泥浆护壁

在钻进中，孔内泥浆一面反循环，一面对孔壁形成一层泥浆膜。泥浆的作用如下：将钻孔内不同土层中的空隙渗填密实，使孔内漏水减少到最低限度；保持孔内有一定水压以稳定孔壁；延缓砂粒等悬浮状土颗粒的沉降，易于处理沉渣。

③保持一定的泥浆相对密度

在黏土和粉土层中钻进时泥浆相对密度可取 1.02 ~ 1.04，在砂和砂砾等容易坍孔的土层中钻进时，必须使泥浆相对密度保持在 1.05 ~ 1.08。

当泥浆相对密度超过 1.08 时，则钻进困难，效率降低，易使泥浆泵产生堵塞或使混凝土的置换产生困难，要用水适当稀释，以调整泥浆相对密度。

在不含黏土或粉土的纯砂层中钻进时，还须在贮水槽和贮水池中加入黏土，并搅拌成适当相对密度的泥浆。造浆黏土应符合下列技术要求：胶体率不低于 95%；含砂率不大于 4%；造浆不低于 0.006 ~ 0.008m▢/kg。

成孔时，由于地下水稀释等使泥浆相对密度减少，可添加膨润土等来增大相对密度。

④钻进时保持孔内的泥浆流速比较缓慢。

⑤保持适当的钻进速度。

钻进速度同桩径、钻深、土质、钻头的种类与钻速以及泵的扬水能力有关。在砂层中钻进需考虑泥膜形成的所需时间；在黏性土中钻进则需要考虑泥浆泵的能力并要防止泥浆浓度的增加而造成糊钻现象。

（3）反循环钻机的主体可在与旋转盘离开 30m 处进行操作，这使得反循环法的应用范围更为广泛。例如，可在水上施工，也可在净空不足的地方施工。

（4）钻进的钻头不需每次上下排弃钻渣，只要在钻头上部逐节接长钻杆（每节长度一般为 3m），就可以进行深层钻进，与其他桩基施工法相比，越深越有利。

3.施工注意事项

（1）规划布置施工现场，应首先考虑冲洗液循环、排水、清渣系统的安设，以保证反循环作业时，冲洗液循环通畅，污水排放彻底，钻渣清除顺利。

（2）冲洗液净化

①清水钻进时，钻渣在沉淀池内通过重力沉淀后予以清除、沉淀池应交替使用，并及时清除沉渣。

②泥浆钻进时，宜使用多级振动筛和旋流除砂器或其他除渣装置进行机械除砂清渣。振动筛主要清除粒径较大的钻渣，筛板（网）规格可根据钻渣粒径的大小分级确定，旋流除砂器的有效容积，要适应砂石泵的排量，除砂器数量可根据清渣要求确定。

③应及时清除循环池沉渣。

（3）钻头吸水断面应开敞、规整，减少流阻，以防砖块、砾石等堆挤堵塞；钻头体吸口端距钻头底端高度不宜大于 250mm；钻头体吸水口直径宜略小于钻杆内径。

在填土层和卵砾层中钻挖时，碎砖、填石或卵砾石的尺寸不得大于钻杆内径的 4/5，否则易堵塞钻头水口或管路，影响正常循环。当有少量卵砾石尺寸大于钻杆内径时，可在钻头与钻杆连接处，设置内径较大的过渡钻杆，上口设置小于钻杆内径的过滤网，使大直径卵砾石留在过渡钻杆内，不影响反循环钻进操作。

（4）泵吸反循环钻进操作要点

①起动砂石泵，待反循环正常后，才能开动钻机慢速回转下放钻头至孔底。开始钻进时，应先轻压慢转，待钻头正常工作后，逐渐加大转速，调整压力，并使钻头吸口不产生堵水。

②钻进时应认真仔细观察进尺和砂石泵排水出渣的情况；排量减少或

出水中含钻渣量较多时，应控制给进速度，防止因循环液相对密度太大而中断反循环。

③钻进参数应根据地层，桩径、砂石泵的合理排量和钻机的经济钻速等加以选择和调整。

④在砂砾、砂卵、卵砾石地层中钻进时，为防止钻渣过多，卵砾石堵塞管路，可采用间断钻进、间断回转的方法来控制钻进速度。

⑤加接钻杆时，应先停止钻进，将钻具提离孔底 80 ~ 100mm，维持冲洗液循环 1 ~ 2min，以清洗孔底并将管道内的钻渣携出排净，然后停泵加接钻杆。

⑥钻杆连接应拧紧上牢，防止螺栓、螺母、拧卸工具等掉入孔内。

⑦钻进时如孔内出现坍孔、涌砂等异常情况，应立即将钻具提离孔底，控制泵量，保持冲洗液循环，吸除坍落物和涌砂；同时向孔内输送性能符合要求的泥浆，保持水头压力以抑制继续涌砂和坍孔，恢复钻进后，泵排量不宜过大，以防吸坍孔壁。

⑧钻进达到要求孔深停钻时，仍要维持冲洗液正常循环，清洗吸除孔底沉渣直到返出冲洗液的钻渣含量小于 4% 为止。起钻时应注意操作轻稳，防止钻头拖刮孔壁，并向孔内补入适量冲洗液，稳定孔内水头高度。

（5）气举反循环压缩空气的供气方式可分别选用并列的两个送风管或双层管柱钻杆方式。气水混合室应根据风压大小和孔深的关系确定，一般风压为 600kPa，混合室间距宜用 24m。钻杆内径和风量配用，一般用 120mm 钻杆配风量为 4.5m³/min。

（6）清孔

①清孔要求

清孔过程中应观测孔底沉渣厚度和冲洗液含渣量，当冲洗液含渣量小于 4%，孔底沉渣厚度符合设计要求时即可停止清孔，并应保持孔内水头高度，防止发生坍孔事故。

②第一次沉渣处理

在终孔时停止钻具回转，将钻头提离孔底 500 ~ 800mm，维持冲洗液的循环，并向孔中注入含砂量小于 4% 的新泥浆或清水，令钻头在原地空转

20 ～ 40min，直至达到清孔要求为止。原则是排渣口没有沉渣和砂砾为止。

③第二次沉渣处理

在灌注混凝土之前进行第二次沉渣处理，通常采用普通导管的空气升液排渣法或空吸泵的反循环方式。

空气升液排渣法方式是将头部带有1m多长管子的气管插入到导管之内，管子的底部插入水下至少10m，气管至导管底部的最小距离为2m左右。压缩空气从气管底部喷出，如使导管底部在桩孔底部不停地移动，就能全部排出沉渣。在急骤地抽取孔内二等水，为不降低孔内水位，必须不断地向孔内补充清水。对深度不足10m的桩孔，须用空吸泵清渣。

二、正循环钻成孔灌注桩

（一）适用范围及原理

1. 基本原理

正循环钻成孔施工法是由钻机回转装置带动钻杆和钻头回转切削破碎岩土，钻进是用泥浆护壁、排渣；泥浆由泥浆泵输进内腔后，经钻头的出浆口射出，带动钻渣沿钻杆与孔壁之间的环状空间上升到孔口溢进沉淀池后返回泥浆池中净化，再供使用。这样，泥浆在泥浆泵、钻杆、钻孔和泥浆池之间反复循环运行。

2. 优缺点

（1）优点

①钻机小，重量轻，狭窄工地也能使用。

②设备简单，在不少场合，可直接或稍加改进地借用地质岩心钻探设备或水文水井钻探设备。

③设备故障相对较少，工艺技术成熟，操作简单，易于掌握。

④噪声低，振动小。

⑤工程费用较低。

（2）缺点

由于桩孔直径大，正循环回转钻进时，其钻杆与孔壁之间的环状断面积大，泥浆上返速度低，挟带泥砂颗粒直径较小，排除钻渣能力差，岩土重复破碎现象严重。

3. 适用范围

正循环钻进成孔适用于填土层、淤泥层、黏土层、粉土层、砂土层，也可在卵砾石含量不大于 15%，粒径小于 10mm 的部分砂卵砾石层和软质基岩、较硬基岩中使用。桩孔直径一般不宜大于 1000mm，钻孔深度一般约为 40m 为限，某些情况下，钻孔深度可达 100m 以上。

当采用优质泥浆，选择合理的钻进工艺与合适的钻具及加大冲洗液泵量等措施，正循环钻成孔工艺也可完成百米以上的深孔施工。

（二）施工机械及设备

以往专门用于桩孔施工的正循环钻机很少，主要直接借用或稍加改进使用水文水井钻机或地质岩芯钻机。

正循环钻机主要由动力机、泥浆泵、卷扬机、转盘、钻架、钻钎、水龙头和钻头等组成。

1. 钻机

现以 SPJ-300 型钻机为例。该机在狭窄场地施工时存在以下问题：钻机多用柴油机驱动，噪声大；散装钻机安装占地面积大，移位搬迁不方便；钻塔过高，现场安装不便，且需设缆绳，增加了施工现场的障碍；钻机回转器不能移开让出孔口，致使大直径钻头的起下操作不便：所配泥浆泵批量小，满足不了钻进排渣的需求。

针对上述不足，对现有的 SPJ-300 型钻机进行改装：采用电动机驱动；采用装有行走滚轮的"井"字形钻机底架；把钻塔改装为"口"形或四脚钻架，高度可控制在 8 ~ 10m 左右；将钻机回转器（如转盘）安装在底架前半部的中心处，保持其四周开阔，并能使转器左右移开，让出孔口；换用大泵量离心式泥浆泵。

2. 钻杆

钻机上主动钻杆截面形状有四方形和六角形两种，长 5 ~ 6m；孔内钻杆一般均为圆截面，外径有 489、ϕ114、ϕ127mm 等规格。

3. 水龙头

水龙头的通孔直径一般与泥浆泵出水口直径相匹配，以保证大排量泥浆通过、水龙头要求密封和单动性能良好。

4. 钻头

正循环钻头按其破碎岩土的切削研磨材料不同，分为硬质合金钻头、钢粒钻头和滚轮钻头（又称牙轮钻头）。

正循环钻头按钻进方法可分为全面钻进钻头、取芯钻头和分级扩孔钻进钻头。

全面钻进即全断面刻取钻进，一般用于第四系地层以及岩石强度较低、桩孔嵌入基岩深度不大的情况。取芯钻进主要用于某些基岩（如比较完整的砂岩、灰岩等）地层钻进。

分级扩孔钻进即按设备能力条件和岩性，将钻孔分为多级口径钻进，一般多分为 2 ~ 3 级。

（三）施工工艺

1. 施工程序

正循环钻成孔灌注桩施工程序如下：

（1）设置护筒

护筒内径较钻头外径大 100 ~ 200mm。如所下护筒太长，可分成几节，上下节在孔口用铆钉连接。护筒顶部应焊加强箍和吊耳，并开水口。护筒入土长度一般要大于不稳定地层的深度；如该深度太大，可用两层护筒，两层护筒的直径相差 50 ~ 100mm。护筒可用 4 ~ 10mm 厚钢板卷制而成。护筒上部应高出地面 200mm 左右。

（2）安装正循环钻机。

（3）钻进。

（4）第一次处理孔底虚土（沉渣）

（5）移走正循环钻机。

（6）测定孔壁。

（7）将钢筋笼放入孔中

（8）插入导管。

（9）第二次处理孔底虚土（沉渣）。

（10）水下灌注混凝土，拔出导管。

（11）拔出护筒。

2. 施工特点

与反循环钻进相比，正循环回转钻进时，泥浆上返速度低，排除钻渣能力差，为缓解上述问题，需特别重视，在正循环施工中，泥浆具有举足轻重的作用。

3. 施工注意事项

（1）规划布置施工现场时，应首先考虑冲洗液循环、排水、清渣系统的安设，以保证正循环作业时，冲洗液循环畅通，污水排放彻底，钻渣清除顺利。

泥浆循环系统的设置应遵守下列规定：①循环系统由泥浆池、沉淀池、循环槽、废浆池、泥浆泵、泥浆搅拌设备、钻渣分离装置等组成，并配有排水、清渣、排废浆设施和钻渣转运通道等。一般宜采用集中搅拌泥浆，集中向各钻孔输送泥浆的方式。②沉淀池不宜少于二个，可串联并用，每个沉淀池的容易不小于 $6m^3$。泥浆池的容积为钻孔容积的 1.2 ~ 1.5 倍，一般不宜小于 8 ~ 10m^3。③循环槽应设 1 : 200 的坡度，槽的断面积应能保证冲洗液正常循环而不外溢。④沉淀池、泥浆池、循环槽可用砖块和水泥砂浆砌筑，不得有渗漏或倒塌。泥浆池等不能建在新堆积的土层上，以免池体下陷开裂，泥浆漏失。

（2）应及时清除循环槽和沉淀池内沉淀的钻渣，必要时可配备机械钻渣分离装置。在砂土或容易造浆的黏土中钻进，应根据冲洗液相对密度和黏度的变化，可采用添加絮凝剂加快钻渣的絮沉，适时补充低相对密度、低黏度稀浆，或加入适量清水等措施，调整泥浆性能。泥浆池、沉淀池和循环槽应定期进行清理。清出的钻渣应及时运出现场，防止钻渣废浆污染施工现场及周围环境。

（3）护筒设置应符合下列规定：①施工期间护筒内的泥浆应高出地下水位 1.0m 以上，在受水位涨落影响时，泥浆面应高出最高水位 1.5m 以上。②护筒埋设应准确、稳定，护筒中心与桩位中心的偏差不得大于 50mm。③护筒的埋设深度在黏性土中不宜小于 1.0m，在砂土中不宜小于 1.5m。护筒下端应采用黏土填实。

（4）正循环钻进操作注意事项：①安装钻机时，转盘中心应与钻架上吊滑轮在同一垂直线上，钻杆位置偏差不应大于 20mm。使用带有变速器的钻机，应把变速器板上的电动机和变速器被动轴的轴心设置在同一水平标高上。②初钻时应低档慢速钻进，使护筒刃脚处形成坚固的泥皮护壁，钻至护筒刃脚下 1m 后，可按土质情况以正常速度钻进。③钻具下入孔内，钻头应距孔底钻渣面 50 ~ 80mm，并开动泥浆泵，使冲洗液循环 2 ~ 3min。然后开动钻机，慢慢将钻头放到孔底，轻压慢转数分钟后，逐渐增加转速和增大钻压，并适当控制钻速。④正常钻进时，应合理调整和掌握钻进参数，不得随意提动孔内钻具。操作时应掌握提升降机钢丝绳的松紧度，以减少钻杆、水龙头晃动。在钻进过程中，应根据不同地质条件，随时检查泥浆指标。⑤根据岩土情况，合理选择钻头和调配泥浆性能。钻进中应经常检查返出孔口处的泥浆相对密实度和粒度，以保证适宜地层稳定的需要。⑥在黏土层中钻孔时，宜选用尖底钻头，中等钻速，大泵量，稀泥浆的钻进方法。⑦在粉质黏土和粉土层中钻孔时，泥浆相对密度不得小于 1.1，也不得大于 1.3，以有利进尺为准。上述地层稳定性较好，可钻性好，能发挥钻机快钻优点，产生土屑也较多，所以泥浆相对密实度不宜过大，否则会产生糊钻、进尺缓慢等现象。⑧在砂土或软土等易塌孔地层中钻孔时，宜用平底钻头，控制进尺，轻压，低档慢速，大泵量，稠泥浆（相对密度控制在 1.5 左右）的钻进方法。⑨在砂砾等坚硬土层中钻孔时，易引起钻具跳动、憋车、憋泵、钻孔偏斜等现象，操作时要特别注意，宜采用低档慢速，控制进尺，优质泥浆，大泵量，分级钻进的方法。必要时，钻具应加导向，防止孔斜超差。⑩在起伏不平的岩面，第四系与基岩的接触带，溶洞底板钻进时，应轻压慢转，待穿过后再逐渐恢复正常的钻进参数，以防桩孔在这些层位发生偏斜。⑪在同一桩孔中采用多种方法钻进时，要注意使孔内条件与换用的工艺方法相适应。如基岩钻进由钢粒钻头改用牙轮钻头时，须将孔底钢粒冲起捞净，并注意孔形是否适合牙轮钻头入孔。牙轮钻头下入孔内后，须轻压慢转，慢慢扫至孔底，磨合 5 ~ 10min，然后逐步增大钻压和转速，防止钻头与孔形不合引起剧烈跳动而损坏牙轮。⑫在直径较大的桩孔中钻进时，在钻头前部可加一小钻头，起导向作用；在清孔时，孔内沉渣易聚集到小钻孔内，并可减少孔底沉渣。⑬加接钻杆时，应先将钻具稍提离孔底，待冲洗液循环 3 ~ 5min 后，再拧卸加接钻杆。⑭钻进过程中，应防止扳手、管钳、垫叉等金属工具掉落孔内，损坏钻头。⑮如护筒底土质松软出现漏浆时，可提起钻头，向孔中倒入黏土块，再放入钻头倒转，使胶泥挤入孔壁堵住漏浆空隙，稳住泥浆后继续钻进。⑯钻进过程中，应在孔口换水，使泥浆中的砂粒土在沟中沉淀，并及时清理泥浆池和沟内的沉砂杂物。

（5）清孔（第一次沉渣处理）

①清孔要求

清孔的目的是使孔底沉渣（虚土）厚度、循环液中含钻渣量和孔壁泥垢厚度符合质量要求或设计要求；为灌注水下混凝土创造良好条件，使测深准确，灌注顺利。

在清孔过程中，应不断置换泥浆，直至灌注水下混凝土；灌注混凝土前，孔底 500mm 以内的泥浆相对密度应小于 1.25. 含砂率不得大于 8%，黏度不得大于 28s。

②清孔条件

在不具备灌注水下混凝土的条件下，孔内不可置换稀泥浆，否则容易造成桩孔坍塌。

在具备下列条件后方可置换稀泥浆：水下灌注的混凝土已准备进场；进料人员齐全；机械设备完好；泥浆储存量足够。

③清孔控制

成孔后进行的第一次清孔，清孔时应采取边钻孔边清孔边观察的办法，以减少清孔时间。在清孔时逐渐对孔内泥浆进行置换，清孔结束时应基本保持孔内泥浆为性能较好的浆液（即满足本节清孔要求），这样可有效地保证浆液的胶体量，使孔内钻屑及砂粒与胶体结合，呈悬浮状；防止钻屑沉入孔底，从而造成孔底沉渣超标。

当孔底标高在黏土或老黏土层时，达到设计标高前 2m 左右即可边钻孔边清孔。钻机以一档慢速钻进，并控制进尺，达到设计标高后，将钻杆提升 300mm 左右再继续清孔。当含砂率在 15% 左右时，换优质泥浆，按每小时降低 4% 的含砂率的幅度进行清孔。

当孔底标高完全在砂土层中时，换上优质泥浆，按每小时降低 2% 的含砂率的幅度清孔。

④清孔方法

对于正循环回转钻进，终孔并经检查后，应立即进行清孔，清孔主要采用正循环清孔和压风机清孔两种方法。

1）正循环清孔

一般只是用于直径小于 800mm 的桩孔。其操作方法是，正循环钻进终孔后，将钻头提离孔底 80 ~ 100mm，采用大泵量向孔内输入相对密度为 1.05 ~ 1.08 的新泥浆，维持正循环 30min 以上，把桩孔内悬浮大量钻渣的泥浆替换出来，直到清除孔底沉渣和孔壁泥皮，且使得泥浆含砂量小于 4% 为止。

当孔底沉渣的粒径较大，正循环泥浆清孔难以将其携带上来；或长时间清孔，孔底沉渣厚度仍超过规定要求时，应改换清孔方式。

正循环清孔时，孔内泥浆上返速度不应小于 0.25m/s。

2）压风机清孔

工作原理：由空压机（风量 6 ~ 9m³/min，风压 0.7MPa）产生的压缩空气，通过送风管（直径 20 ~ 25mm）经液气混合弯管（亦称混合器，用内径为 18 ~ 25mm 的水管弯成）送到清孔出水管（直径 100 ~ 150mm）内与孔内泥浆混合，使出水管内的泥浆形成气液混合体，其重度小于孔内泥浆重度。这样在出水管内外的泥浆重度差的作用下，管内的气液混合体沿出水管上升流动，孔内泥浆经出水管底口进入出水管，并顺管流出桩孔，将钻渣排出。同时不断向孔内补给相对密度小的新泥浆（或清水），形成孔内冲洗液的流动，从而达到清孔的效果。

液气混合体距孔内液面的高度至少应为混合器距出水管最高处的高度的 0.6 倍。

清孔操作要点：

将设备机具安装好，并使出水管底距孔底沉渣面 300 ~ 400mm；

开始送风时，应先向孔内供水。送风量应从小到大，风压应稍大于孔底水头压力。待出水管开始返出泥浆时，及时向孔内补给足量的新泥浆或清水，并注意保证孔壁稳定；

正常出渣后，如孔径较大，应适当移动出水管位置以便将孔底边缘处的钻渣吸出；

当孔底沉渣较厚、块度较大，或沉淀板结时，可适当加大送风量，并摇动出水管，以利排渣；

随着钻渣的排出，孔底沉渣减少，出水管应适时跟进以保持出水管底口与沉渣面的距离为 300 ~ 400mm；

当出水管排出的泥浆钻渣含量显著减少时，一般再清洗 3 ~ 5min，测定泥浆含沙量和孔底沉渣厚度，符合要求时即可逐渐提升出水管，并逐渐减少送风直至停止送风。清孔完毕后仍要保持孔内水位，防止坍孔。

第四节 潜水钻成孔与旋挖钻斗钻成孔灌注桩

一、潜水钻成孔灌注桩

（一）适用范围及原理

1. 基本原理

潜水钻成孔施工法是在桩位采用潜水钻机钻进成孔。钻孔作业时，钻机主轴连同钻头一起潜入水中，由潜在孔底的动力装置直接带动钻头钻进。从钻进工艺来说，潜水钻机属旋转钻进类型。其冲洗液排渣方式有正循环排渣和反循环排渣两种。

2. 优缺点

（1）优点

①潜水钻设备简单，体积小，重量轻，施工转移方便，适合于城市狭小场地施工。

②整机潜入水中钻进时无噪声，又因采用钢丝绳悬吊式钻进，整机钻进时无振动，不扰民适合于城市住宅区、商业区施工。

③工作时动力装置潜在孔底，耗用动力小，钻孔时不需要提钻排渣，钻孔效率较高，成孔费用比正反循环钻机低。

④电动机防水性能好，过载能力强，水中运转时温升较低。

⑤钻杆不需要旋转，除了可减少钻杆的断面外，还可避免因钻杆折断发生工程事故。

⑥与全套管钻机相比，其自重轻，拔管反力小，因此，钻架对地基允许承载力要求低。

⑦该机采用悬吊式钻进，只需钻头中心对准孔中心即可钻进，对底盘的倾斜度无特殊需求，安装调整方便。

⑧可采用正、反两种循环方式排渣。

⑨如果循环泥浆不间断，孔壁不易坍塌。

（2）缺点

①因钻孔需泥浆护壁，施工场地泥泞。

②现场需挖掘沉淀池和处理排放的泥浆。

③采用反循环排渣时，土中若有大石块，容易卡管。

④桩径易扩大，使灌注混凝土超方。

⑤由于潜水钻机在孔内切削土体的反力是通过 $80mm \times 80mm$ 方形钻杆传递到地面平衡的，所以对大直径、大净度及硬质地层不适用。

3. 适用范围

潜水钻成孔适用于填土、淤泥、黏土、粉土、砂土等地层，也可在强风化基岩中使用，但不宜用于碎石土层。潜水钻机尤其适于在地下水位较高的土层中成孔。这种钻机由于不能在地面变速，且动力输出全部采用刚性转动，对非均质的不良地层适应性较差，加之转速较高，不适合在基岩中钻进。

（二）施工机械与设备

潜水钻机的构造：KQ 型潜水钻机主机由潜水电机，齿轮减速器，密封装置组成，加上配套设备，如钻孔台车，卷扬机，配电柜，钻杆，钻头等组成整机。

1. 潜水钻主机

潜水电动机和行星减速箱均为一中空结构，其内有中心送水管。

潜水钻机在工作状态时完全潜入水中，钻机能否正常耐久地工作，主要取决于钻机的密封装置是是否可靠。

2. 方形钻杆

轻型钻杆采用 8 号槽钢对焊而成，每根长 5m，适用于 KQ-800 钻机；其他型号钻机应选用重型钻杆。

3. 钻头

在不同类别的土层中钻进应采用不同形式的钻头。

（1）笼式钻头

在一般黏性土、淤泥和淤泥质土及砂土中钻进宜采用笼式钻头。

（2）镶焊硬质合金刀头的笼式钻头

此种钻头可用在不厚的砂夹卵石层或在强风化岩层中钻进。

（3）三翼刮刀钻头和阶梯式四翼刮刀钻头

适用于一般黏性土及砂土中钻进。

（三）施工工艺

1. 施工程序

（1）设置护筒

护筒内径较钻头外径大 100 ～ 200mm。护筒可用 4 ～ 10mm 厚钢板卷制而成。护筒上部应高出地面 200mm 左右。护筒孔内水位要高出自然地下水位 2m 以上。

（2）钻进

用第一节钻杆（每节长约 5m，按钻进深度用钢销连接）接好钻机，另一端接上钢丝绳，吊起潜水电钻对准护筒中心，徐徐放下至土面，先空转，然后缓慢钻入土中，至整个潜水电钻基本入土内，待运行正常后才开始正式钻进。每钻进一节钻杆，即连接下一节继续钻进，直到设计要求深度为止。

2. 施工特点

（1）钻进时，动力装置（潜水钻主机）、减速机构（行星减速箱）和钻头，共同潜入水下灌注。

（2）成孔排渣有正循环和反循环两种方式。

3. 潜水钻成孔灌注桩施工管理

潜水钻成孔灌注桩施工全过程中所需的检查项目，基本上与反循环钻成孔灌注桩相同，但在钻进中尚需补充两条，即钻进中是否有专人负责收、放电缆和进浆胶管；钻进中相电流是否合适。

二、旋挖钻斗钻成孔灌注桩

（二）适用范围及原理

1. 基本原理

旋挖钻斗钻成孔施工法是利用旋挖钻机的钻杆和钻斗的旋转及重力使土屑进入钻斗，土屑装满钻斗后，提升钻斗出土，这样通过钻斗的旋转、削土、提升和出土，多次反复而采用无循环作业方式成孔的施工法。

旋挖钻机按其功能可分为单一方式旋挖钻斗钻机和多功能旋挖钻机，前者是利用短螺旋钻头或钻斗钻头进行干作业钻进或无循环稳定液钻进技术成孔制桩的设备，后者则通过配备不同工作装置还可进行其他成孔作业，配备双动力头可进行咬合桩作业，配备长螺旋钻杆与钻头可进行 CFA 工法桩作业，配备全套管设备可进行全套管钻进，一机多用。可见钻斗钻成孔施工法仅是多功能旋挖钻机的一种功能。目前，在我国钻斗钻成孔施工法是旋挖钻机的主要功能。

再则，反循环钻成孔法、正循环钻成孔法、潜孔钻成孔法及钻斗钻成孔法均属于旋挖成孔法，故简单地把旋挖钻斗钻成孔法称为旋挖钻成孔法是不恰当的，也是不科学的。

旋挖钻斗钻成孔法有全套管护壁钻进法和稳定液护壁的无套管钻进法 2 种，本节只论及无套管钻成孔法。

2. 优缺点

（1）优点

①振动小，噪声低。

②最适宜于在黏性土中干作业钻成孔（此时不需要稳定液管理）。

③钻机安装比较简单，桩位对中容易。

④施工场地内移动方便。

⑤钻进速度较快，为反循环钻进的 3 ~ 5 倍。

⑥成孔质量高，由于采用稳定液护壁，孔壁泥膜薄，且形成的孔壁较为粗糙，有利于增加桩侧摩阻力。

⑦因其干取土干作业，加之所使用的稳定液由专用仓罐贮存，施工现场文明整洁，对环境造成的污染小。

（2）缺点

①当卵石粒径超过 100mm 时，钻进困难。

②稳定液管理不适当时，会产生坍孔。

③土层中有强承压水，此时若又不能用稳定液处理承压水的话，将造成钻孔施工困难。

④废泥水处理困难。

⑤沉渣处理较困难，需用清渣钻斗。

⑥因土层情况不同，孔径比钻斗直径大 7% ~ 20%。

3. 适用范围

旋挖钻斗钻成孔法适用于填土层、黏土层、粉土层、淤泥层、砂土层以及短螺旋不易钻进的含有部分卵石、碎石的地层。采取特殊措施（低速大扭矩旋挖钻机及多种嵌岩钻斗等），还可以嵌入岩层。

（二）施工机械及设备

旋挖钻斗钻机由主机、钻杆和钻斗（钻头）3 个主要部分组成。

1. 主机

主机由履带式、步履式和车装式底盘，动力驱动方式有电动式和内燃式，短螺旋钻进的钻机均可用于旋挖钻斗钻成孔。

旋挖钻机按动力头输出扭矩、发动机功率及钻深能力可分为大型、中型、小型及微型钻机。微型钻机又称为 BABY 钻机或 MIDI 钻机，动力头输出扭矩只有 30 ~ 40kN·m，整体质量约为 3000 ~ 4000kg。旋挖钻机按结构形式可分为以欧洲为代表的方形桅杆加平行四边形连杆机构的独立式钻机和以日本为代表的履带式起重机附着式钻机。旋挖钻机按钻进工艺可分为单工艺钻机和多功能钻机（又称多工艺）钻机。

旋挖钻机的结构从功能上分，分为底盘和工作装置两大部分。钻机的主要部件有：底盘（行走机构、底架、上车回转）、工作装置（变幅机构、桅杆总成、主卷扬、辅卷扬、动力头、随动架、提引器等）。

旋挖钻机机型的合理选择应考虑下述因素：施工场地岩土的物理力学性能、桩身长度、桩孔直径、桩数、旋挖钻机的购进成本、施工成本及维修成本等。机型配置不当，往往会造成事倍功半的后果。如果"小马"拉"大车"，则施工效率低下，造成钻机较大疲劳，甚至还可能造成钻机的寿命大大缩短；反之，如果"大马"拉"小车"，则钻机发挥不了其应有的性能，收益低下，造成设备的浪费。因此，应尽量选择与工程相匹配的机型，充分发挥钻机的高效性。在多款机型均能满足工程使用要求时，应尽量选择输出扭矩低的机型。

2. 钻斗（钻头）

钻斗是旋挖钻机的一个关键部件。旋挖钻机成孔时选用合适的钻斗能减少钻斗本身的磨损，提高成孔的质量和速度，从而达到节约能源和提高桩基施工效率的效果。目前常见的旋挖钻机，其结构形式和功能大同小异，因此，施工是否顺利，很重要的因素就是钻斗的正确选择。

对钻斗的要求：作为旋挖钻机配套的工具钻斗，它不仅要具备良好的切削地层的能力，且要消耗较少的功率，获得较快的切削速度，而且还是容纳切削下来的钻渣的容器。不仅如此，一个好的钻斗还要在频繁的升、降过程中产生的阻力最小，特别要具备在提升过程中产生尽量小的抽吸作用，下降过程中产生尽量小的激动压力。同时，还要具备在装满钻渣后可靠地锁紧底盖，而在卸渣时又能自动或借助重力方便地解锁卸渣。钻斗的切削刀齿在切削过程中会被磨损，设计钻斗的切削刀齿时要选择耐磨性好，抗弯强度高的材料，并且损坏后能快速修复或更换。

旋挖钻斗种类繁多，按所装底齿可分为截齿钻斗和斗齿钻斗；按底板数量可分为双层底钻斗和单层底钻斗；按开门数量可分为双开门钻斗和单开门钻斗；按钻斗桶身的锥度可分为锥桶钻斗和直桶钻斗；按底板性状可分为锅底钻斗和平底钻斗；按钻斗扩底方式可分为水平推出方式、滑降方式及下开和水平推出的并用方式。以上结构形式相互组合，再加上是否带通气孔及开门机构的变化，可以组合出数十种旋挖钻斗。旋挖钻斗钻成孔时在稳定液保护下钻进，稳定液为非循环液，所以终孔后沉渣的清除需用清底式钻斗。

一般来说，双层底板钻斗适应地层范围较广，单层底板钻斗通常用于黏性较强的土层；双开门钻斗适应地层范围较宽，单开门钻斗通常用于大粒径卵石层和硬胶泥。对于相同地层使用同一钻进扭矩的钻机时，不同斗齿的钻进角度，钻进效率不同。在孔壁很不稳定的流塑状淤泥或流沙层中旋挖钻进时可采取压力平衡护壁或套管护壁。在漂石或胶结较差的大卵石层中旋挖钻进时，可配合"套钻"、"冲"、"抓"等工艺。黏泥对旋挖钻进的影响主要是卸土困难，如果简单地采取正反钻突然制动的方法对动力头、钻杆及钻斗的损坏很大，因此可采用半合式钻斗、侧开口双开门钻斗、两瓣式钻斗以及S形锥底钻斗等钻斗进行钻进。在坚硬岩层中钻进时，应根据硬岩的特性，采用多种组合钻头（例如斗齿捞砂螺旋钻头、截齿捞砂螺旋钻头及筒式取芯钻斗等）。

3. 钻杆

对于旋挖钻机整机而言，钻杆也是一个关键部件。钻杆为伸缩式的，是实现无循环液钻进工艺必不可少的专用钻具，是旋挖钻机的典型钻机机构，它将动力头输出的动力以扭矩和加压力的方式传递给其下端的钻具，其受力状态比较复杂（承受拉、压、剪切、扭转及弯曲等复合应力），直接影响成孔的施工进度和质量。

对钻杆要求：具有较高的抗扭和抗压强度及较大的刚度，足以抵抗钻孔时的进给力而保证钻孔垂直度等要求；能够抵御泥浆和水等对其酸碱性的腐蚀；质量尽可能轻，以提高钻机功效，降低使用成本。

钻杆按其截面形式可分为正方形、正多边形和圆管形。方形钻杆制造简单，但不能加压，并有应力集中点，使用寿命较短。正多边形钻杆，其强度有所提高，受力较为合理。随着成孔直径越来越大，成孔深度越来越深，扭矩越来越大，圆管形钻杆因其受力效果最好，得到普遍使用。

钻杆按钻进加压方式可分为摩阻式、机锁式、多锁式及组合式。

在旋挖钻机成孔施工时，要根据具体地层土质情况选用不同的钻杆，以充分发挥摩阻式、机锁式、多锁式及组合式钻杆的各自优势，制定相应的施工工艺，配合选用相应的钻具，提高旋挖钻进的施工效率，确保钻进成孔的顺利进行。

4. 主卷扬

主卷扬是旋挖钻机的又一个关键部件。根据旋挖钻机的施工特点，在桩基每个工作循环（对孔—下钻—钻进—提钻—回转—卸土），主卷扬的结构和功能都非常重要，钻孔效率的高低、钻孔事故发生的概率、钢丝绳寿命的长短都与主卷扬有密切的关系。欧洲的旋挖钻机都有钻杆触地自停和动力头随动装置以防止乱绳和损坏钢丝。特别是意大利迈特公司的旋挖钻机，主卷扬的卷筒容量大，钢丝绳为单层缠绕排列，提升力恒定，钢丝绳不重叠碾压，从而减少钢丝绳之间的磨损，延长了钢丝绳的使用寿命。国外旋挖钻机主卷扬都采用柔性较好的非旋转钢丝绳，以提高其使用寿命。

（三）施工工艺

1. 施工程序

（1）安装旋挖钻机。

（2）钻斗着地，旋挖，开孔。以钻斗自重并加钻压作为钻进压力。

（3）当钻斗内装满土、砂后，将之提升上来。一面注意地下水位变化情况，一面灌水。

（4）旋挖钻机，将钻斗中的土倾卸到翻斗车上。

（5）关闭钻斗的活门。将钻斗转回钻进地点，并将旋转体的上部固定住。

（6）降落钻斗。

（7）埋置导向护筒，灌入稳定液。按现场土质的情况，借助于辅助钢丝绳，埋设一定长度的护筒。护筒直径应比桩径大 100mm，以便钻斗在孔内上下升降。按土质情况，定出稳定液的配方。如果在桩长范围内的土层都是黏性土时，则不必灌水或注稳定液，可直接钻进。

（8）将侧面铰刀安装在钻斗内侧，开始钻进。

（9）钻孔完成后，进行孔底沉渣的第一次处理，并测定深度。

（10）测定孔壁。

（11）插入钢筋笼。

（12）插入导管。

（13）第二次处理孔底沉渣。

（14）水下灌注混凝土。边灌边拔导管。混凝土全部灌注完毕后拔出导管。

（15）拔出导向护筒，成桩。

2. 施工特点

（1）旋挖钻斗钻成孔工艺最大特点是：

①钻进短回次，即回次进尺短（0.5～0.8m）及回次时间短（一般30～40m孔深的回次时间不超过3～4min，纯钻进时间不足1min）。

②钻进过程为多回次降升重复过程。由于受钻斗高度的限制，1个40m深的钻孔，按每回次钻进0.8m，大约需降升100次（提升50次），而钻具的降升和卸渣占成孔时间的80%左右，纯钻进时间不到20%，所以不能简单地认为提高钻具降升速度，钻进效率就会大大提高。

③每回次钻进是一个变负荷过程。钻机开始，钻斗切削刃齿在自重（钻斗重＋部分钻杆重）作用下切入土层一个较小深度，随钻斗回转切削前方的土层，并将切削下的土块挤入钻斗内，随钻斗切入钻孔深度不断增加，钻斗重量也不断增加，回转阻力也随之增大，随阻力矩的增大，回转速度相应降低，这样在一个很短时间内，切入深度和回转阻力矩逐级增大，负载和钻速在很大范围内波动。

④在整个钻进过程中，钻斗经历频繁的下降、提升过程，因此，确保下降过程中产生尽量小的振动和冲击压力，提升过程中产生尽量小的抽吸作用，以防止钻进过程中孔壁坍塌现象的发生。

（2）旋挖钻斗钻成孔法

在稳定液保护下钻进：但钻斗钻进时，每孔要多次上下往复作业，如果对护壁稳定液管理不善，就可能发生坍孔事故。可以说，稳定液的管理是旋挖钻斗钻成孔法施工作业中的关键。由于旋挖钻斗钻成孔法施工不采用稳定液循环法施工，一旦稳定液中含有沉渣，直到钻孔终了，也不能排出孔外，而且全部留在孔底。但是若能很好地使用稳定液，就能使孔底沉渣大大地减少。

3. 稳定液

（1）稳定液定义

稳定液是在钻孔施工中为防止地基土坍塌，使地基土稳定的一种液体。它以水为主体，内中溶解有以膨润土或CMC（羧甲基纤维素）为主要成分的各种原材料。

（2）稳定液作用

①保护孔壁，以防止从开始钻进到混凝土灌注结束的整个过程中孔壁

坍塌。

防止坍塌的三个必要条件：钻孔内充满稳定液；稳定液面标高比地下水位高，保持压力差；稳定液浸入孔壁形成水完全不能通过的薄而坚的泥膜。

②能抑止地基土层中的地下水压力。

③支撑土压力，对于有流动性的地基土层，用稳定液能抑止其流动。

④使孔壁表面在钻完孔到开始灌注混凝土能保持较长时间的稳定。

⑤稳定液渗入地基土层中，能增加地基土层的强度，也可以防止地下水流入钻孔内。

⑥在砂土中钻进时，稳定液可使其碎屑的沉降缓慢，清孔容易。

⑦稳定液应具有与混凝土不相混合的基本特性，利用它的亲液胶体性质最后能被混凝土所代替而排出。

（3）配置稳定液的原材料

为了使稳定液的性能满足地层护壁和施工条件，在配制稳定液时，按稳定液的性能设计需在稳定液中加入相应的处理剂。目前用于处理和调整稳定液性能的处理剂，按其作用不同分为分散剂（又称稳定剂、降粘剂、稀释剂）、增黏（降失水）剂、降失水剂、防坍剂、加重剂、防漏剂、酸碱度调整剂及盐水泥浆处理剂。

①膨润土

膨润土是指含蒙脱石矿物为主的黏土，它是稳定液中最重要的原料，它使稳定液具有适当的黏性，能产生保护膜作用。原矿石经挖掘、加热干燥、粉碎后筛分成各种级配在市上出售。

膨润土分为钠基土、钙基土和锂基土 3 种。钠基土具有优良的分散性、膨胀性（黏性），高造浆率，低失水量及胶体性能和剪切稀释能力，但易受水泥及盐分的影响，稳定性较差；而钙基土则需要通过加入纯碱使之转化为钠基土方可使用；锂基土不用作造浆土，膨润土因其产地不同而性能不同，应以经济适用为主，易受到阳离子感染时，宜选用钙基土，但造浆率低。

使用膨润土时应注意以下几点：（1）即使用同一产地的膨润土也具有不同性质；不同产地的膨润土的性能相差更大。仅凭名称而不加鉴别地使用常常会导致失败。（2）在使用膨润土时，必须根据它的质量来定其浓度，否则就不能发挥其特点。（3）必须保证稳定液中膨润土的含量在一定标准浓度以上。一般用量为水的3%～5%(黏土层)、4%～6%(粉土层)、7%～9%(细砂～粗砂层)。较差的膨润土用量大。优质膨润土造浆率在0.01～0.015m³/kg。（4）虽然膨润土泥浆具有相对密度低、黏度低、含砂量少、失水量小、泥皮薄、稳定性强、固壁能力高、钻具回转阻力小、钻进效率高、造浆能力大等优点，但仍不能完全适应地层，要适量掺加外加剂。

②CMC（羧甲基纤维素）

CMC是把纸浆经过化学处理后制成粉末，再加水形成黏性很稠的液体。CMC可加到膨润液中，也可单独作稳定液用。

多个黏土颗粒会同时吸附在CMC的一条分子链上，形成布满整个体系的混合网状结构，从而提高黏土颗粒的聚粘稳定性，有利于保持稳定液中细颗粒的含量，形成致密的泥饼，阻止稳定液中的水向地层的漏失，降低滤失量。

CMC具有降失水、改善造壁性泥浆胶体性质，特别是能提高悬浮钻渣的能力和泥浆滤液黏度，CMC有高黏、中黏和低黏之分。低黏主要用于降失水（LV），高黏主要用于提黏。

CMC为羧甲基（Carboxy Methyl）与纤维素（Cellulose）以及乙醚化合成的钠盐，是具有水溶性与电离性能的高分子物质，与水泥几乎不发生作用。

③重晶石

重晶石的相对密度约等于4.掺用后可使用稳定液的相对密度增加，可提高地基的稳定性，加重剂除有重晶石外，还有铁砂、铜矿渣及方铅矿粉末等。

④硝基腐殖酸钠盐

它是从褐炭中提炼出来的腐殖酸，用硝酸和氢氧化钠处理后而成的。它能改善与混凝土接触后变质的稳定液、混进了粉砂的稳定液和要重复使用的稳定液的性能。

⑤木质素族分解剂

以FCL为代表，它能用来改善混杂有土、粉砂、混凝土以及盐分等而变质的稳定液的性能。铁铬盐FCL作稀释剂，在黏土颗粒的断键边缘上形成吸附水化层，从而削弱或拆散稳定液中黏土颗粒间的网状结构，致使稳定液的黏度和切力显著降低，从而改善因混杂有土、砂粒、碎卵石及盐分等而变质的稳定液性能，使上述钻渣等颗粒聚集而加速沉淀，改善护壁稳定液的性能指标，既达到重复使用的目的，又具有高质量的性能。铁铬盐分子在孔壁黏土上吸附，有抑制其水化分散的作用，有利于孔壁稳定。FCL 必须在 pH 值为 9 ~ 11 时使用才会发挥优势。

⑥碱类

对稳定液进行无机处理用得最多的是电解质类火碱（又名烧碱、苛性钠、NaOH），纯碱（又名碳酸钠、苏打、Na_2CO_3），其为稳定液分散剂。

纯碱（碳酸钠）用于稳定液增黏，提高稳定液的胶体率和稳定性，减小失水量。碳酸钠除去膨润土和水中的部分钙离子，使钙质膨润土转化为钠质膨润土，从而提高土的水化分散能力，使黏土颗粒分散得更细，提高造浆率。可增加水化膜厚度，提高稳定液的胶体率和稳定性，降低失水量。有的黏土只加纯碱还不行，需要加少量烧碱。

⑦渗水防止剂

常用渗水防止剂（防漏剂）有废纸浆、棉花籽残渣、碎核桃皮、珍珠岩、锯末、稻草、泥浆纤维及水泥等。

⑧水

自来水是配制稳定液最好的一种水。若无自来水，只要钙离子浓度不超过 1000mg/L，钠离子浓度不超过 500mg/L，pH 值为中性的水都可用于搅拌稳定液，超过上述范围时，应在稳定液中加分散剂和使用盐的处理剂。

4. 施工要点

（1）护筒埋设要求：埋设护筒的挖坑一般比护筒直径大 0.6 ~ 1.0m，护筒四周应夯填黏土，密实度达 90% 以上，护筒底应置于稳固的黏土层中，否则应换填厚为 0.5m 的黏土分层夯实，护筒顶标高高出地下水位和施工最高水位 1.5 ~ 2.0m，地下水位很低的钻孔，护筒顶亦应高出地面 0.2 ~ 0.3m，护筒底应低于施工最低水位 0.1 ~ 0.3m。

（2）在旋挖钻斗钻成孔法施工中，几乎大部分均使用稳定液，故设计人员或发包者在工程设计条件中应对稳定液的有关规定予以说明，使施工人员能据以精心施工。

（3）旋挖钻机是集机、电、液一体化的现代设备，若管理不善，轻则导致零部件过早磨损，重则不能正常运转造成重大经济损失。

因此，加强设备管理极其重要，要处理好设备的使用、维修、保养三者的关系，使"保"与"修"制度化，保证设备的完好率。

（4）旋挖钻进工艺的参数控制

①钻压的确定

钻进时施加给钻头的轴向压力成为钻压，它与孔底工作面垂直。

合理确定钻压，要根据岩土的工程力学性质、钻斗的直径和类型、刀具的种类和磨钝程度、钻具和钻机的负荷能力予以综合考虑，而且还要考虑与其他钻进参数的合理配合（如转数等）。

②回次进尺长度的确定

回次进尺指钻斗钻进一定深度后提升钻斗时的进尺，一个回次的长度主要取决于钻斗筒柱体水位高度，其次是孔底沉渣量的多少。一般说，若钻斗高 1m，则回次进尺最大不超过 0.8m。

③钻具下降、提升速度的控制

下放钻斗时，由于钻斗下行运动所产生的压力增加称为激动压力。稳定液在高速下降的钻斗挤压下，将钻具下降的动能传给孔底和孔壁，使它们承受很高的动压力，下钻速度愈快，所产生的激动压力就愈高。当钻斗下降速度过快时，稳定液被钻斗沿环状间隙高速挤出而冲刷孔壁，引起孔壁的破坏。

钻斗既是钻进切削土岩的钻头又是容纳钻渣的容器，提升过程钻斗相当于活塞杆在活塞缸内的运动，即从孔内提升钻斗时，由于钻斗上行运动导致钻斗压力减少，产生抽吸压力。如果提升速度过快，钻斗与孔壁间隙小，下行的稳定液来不及补充钻斗下部的空腔而产生负压；速度愈快，负压愈高，抽吸作用愈强，对孔壁稳定性影响愈大，甚至导致孔壁坍塌。

④钻孔稳定液面高度的控制

回次结束将钻具提出稳定液面的瞬间，钻孔内稳定页面迅速下降。下降深度与钻斗高度大致相同（钻斗容器占有的空间）。此时，钻孔液柱的平衡改变了，及时回灌补充稳定液工序是钻进提升过程中不可忽视的工作。

（5）在桩端持力层中钻进时，需考虑由于钻斗的吸引现象使桩端持力层松弛，因此上提钻斗时应缓慢。如果桩端持力层倾斜时，为防止钻斗倾斜，应稍加压钻进。

（6）稳定液的配合比

一般 8kg 膨润土可掺以 100L 的水。对于黏性土层，膨润土含量可降低至 3% ~ 5%。由于情况各异，对稳定液的性质不能一概而定。

（7）钻进成孔工艺

钻进成孔工艺是需要考虑多种因素的复杂的系统工程，多种因素指地层土质、水文地质、合适的钻斗选用、合适的钻杆类型选用、稳定液主要材料的选用、稳定液性能参数的选择、钻进工艺参数（钻压、钻进转数、钻进速度、回次进尺长度及钻具下降与提升速度等）。

①在老沉积土层和新近沉积土层中钻进要点

1）粉质黏土、黏土层在干性状态下胶结性能都比较好，在干孔钻进下可用单层底板土层钻斗钻进，也可以用双层底板捞砂钻斗和土层螺旋钻头钻进。若在湿孔钻进条件下，因土遇水的胶结性能变差，一般用双层底板捞砂钻斗钻进以便于捞取钻渣。

2）在淤泥质地层中钻进，需解决好吸钻、塌孔、超方和卸渣困难等问题，为此需从改善稳定液性能、改进钻斗结构以及优化操作方式三方面着手。具体而言，在淤泥层施工，对于中大直径的桩孔，宜选用双层底板捞砂钻斗；对于直径小的孔，可采用单开门双层底板捞砂钻斗；对于钻进具有一定黏性的淤泥质土也可选择单层底板钻斗或者带有流水孔的直螺旋钻斗。但是不论选择何种钻具在淤泥层施工，都应该尽量增加或加大钻斗（钻头）的流水孔，以防止钻进过程中由于钻斗（钻头）上、下液面不流通而导致钻底负压过大，形成吸钻。优化操作方式，遵循"三降"（降低钻斗下降速度、降低钻斗旋转速度、降低钻斗提升速度）和"三减"（减少单斗进尺、减少钻压、减少和合斗门时的旋转速度和圈数）的原则。

3）在含水厚细砂层中钻进，宜采取以下措施：①宜选择锥形钻斗，适当减少斗底直径，略微增加外侧保径条的厚度，最大限度降低钻斗提升和下放过程对侧壁的扰动。钻斗流水口设置在靠近筒壁顶部位置，以尽量减小筒内砂土在提升钻具过程中的流失。②单次钻进进尺要控制斗内土在流水口以下的水平，以避免进入斗内的砂土自流水口进入稳定液中。钻进完成后，关闭斗门时尽量减少扰动孔底土，以减少孔底渣土悬浮量。提升过程中，在易塌方地层对应的高程要适当降低提升速率，以减少侧壁流水冲刷造成砂土进入稳定液中。③初始配置稳定液时就应根据地层特点控制好稳定液的密度及黏度等指标，采用加重稳定液或增黏（稠）稳定液，此处采取一些综合措施，以避免孔壁坍塌和预防埋钻事故。

4）在卵砾石地层中钻进的关键一是护壁，二是选用合适的钻斗。常用的保护孔壁的方法：

护筒护壁：具体的操作方法是随着钻斗钻进同时，压入护筒，当护筒压入困难时，可以使用短螺旋钻头捞取护筒下脚的卵（碎）石块，清除障碍物后，再向下压入护筒。如此循环往复，使用护筒护壁直到穿过整个卵（碎）石层。

黏土（干水泥）+ 泥浆护壁：当钻进卵（碎）石层时，可先向孔内抛入黏土，然后使用钻斗缓慢旋转，将黏土挤入卵（碎）石缝隙，形成稳定的孔壁并防止稳定液的漏失，再配合稳定液的运用，来保障卵（碎）石层钻进过程中孔壁的稳定和稳定液位的平衡。另一种相似的方法是使用干水泥配合黏土使用。当钻进卵（碎）石层时，把干水泥装成体积适当的小袋和黏土一起抛入孔底，再使用钻斗旋转，将黏土块和干水泥一起挤入卵（碎）石缝隙，静滞一段时间后，可形成稳固的孔壁，干水泥的作用，是增强黏土的附着力。

高黏度稳定液护壁：稳定液主要性能参数为：黏度 30 ~ 50s；密度 1.2 ~ 1.3。在稳定液中加入水解聚丙烯酰胺（PHP）溶液，即具有高黏度护壁性能。

旋挖钻进较大粒径卵石或卵砾石层，配合机锁式钻杆选用筒式环形取芯钻斗或将钻斗切削齿的切削角加大到 $60°$ ~ $65°$，使较大粒径卵石被挤入装载机构的筒体内，同时有利于钻进疏松胶结的砂砾。在卵砾石层钻进中，转速不能过大，轴向压力也不宜过大。

钻进中遇到卵（碎）石等地下障碍物，采用轻压慢转上下活动切削钻碎障碍物。若钻进无效，可以通过正反交替转动的方式，当正转遇到较大阻力时，立即反转，然后再次正转，如此循环往复。采用专有的钻具（如短螺旋钻头、嵌岩筒钻、双层嵌岩筒钻）处理后钻进。对于卵（碎）石含量大的地层可使用短钻筒，配置黏土加泥浆护壁，控制钻速；若卵（碎）石层胶结程度密实，为了易于钻进，可先用筒式钻斗成孔（筒体直径小于孔径150～400mm），即分级钻进，然后再加大块扫孔达到设计孔径要求。若条件具备，也可直接用有加大压力快速的筒式钻斗一次成孔。若用筒式钻斗直接开孔，初钻时应轻压慢钻，防止孔斜。

在双层嵌岩筒钻的设计中，层间隙的大小应该与卵（碎）石的粒径相对应。一般情况下，间隙约等于1.5倍卵（碎）石粒径。

5）在高黏泥含量的黏土层中钻进，因该土层塑性大，造浆能力强，易出现糊钻、缩径，且进入钻斗内的钻渣由于黏滞力很强，卸渣非常困难，钻进效率往往受卸渣和糊钻影响极大。解决办法：①利用钻孔黏土自造浆的方法向孔内灌注清水；②在钻进工艺上，采用低扭矩高转速挡进行钻进且放慢给进速度和降低给进压力；③严格限制回次进尺长度不超过钻斗高度的80%，以避免黏土在装载筒内挤压密实；④对钻斗结构进行适当的改进。对钻齿切削角调整不大于45°，在钻筒外每隔120°对母线夹角为60°焊接④15圆钢，反时针方向布置4～6根，钻筒内立焊φ15圆钢，每隔90°焊1根，或在钻斗内装压盘卸渣。

6）在钻孔漏失层钻进，漏失产生的原因是钻进所遇地层大多是冲积、洪积不含水砂层、卵砾及卵石层，由于胶结不良，填充架空疏松，渗透性强。根据漏失程度采取相应对策：①漏失不严重时。选用低密度稳定液是预防漏失的有效方法。降低密度的方法有采用优质膨润土；用水解度30%的聚丙烯酰胺进行选择性絮凝以清除稳定液中的劣质土及钻渣；加入某些低浓度处理剂如煤减剂、钠羧甲基纤维素。②漏失严重时，遇卵砾石层钻进绝大部分事故发生在孔壁保护方面，具体堵漏方法有黏泥护壁，即边钻进边造壁堵漏的方法保护壁，每回次钻进结束后向孔内投入黏土（或黄土）的回填高度不得低于回次钻进深度，此后经回转挤压，使黏土（或黄土）挤塞于卵砾石缝隙之中，一段一段形成人工孔壁，既护壁又堵漏；高黏度稳定液护壁，即采用高固相含量、高黏度、密度在 1.2 左右、黏度为 30 ~ 50s、失水量 8 ~ 10mL/30min 的稳定液。

7）在遇水膨胀的泥土层钻进，钻进时常常出现缩径或黏土水化膨胀而出现坍塌。钻孔缩径造成钻具升降困难，严重时导致卡钻。处理原则：①向稳定液中加有机处理剂（降失水剂有纤维素、煤碱剂、铁铬盐、聚丙烯腈等），以降低稳定液失水量；②在钻斗圆筒外均匀分布 4 道螺纹钢筋，长 600mm，直径 $\phi 15$ ~ $\phi 18$mm，与母线按顺时针方向呈 60° 倾角焊牢，在钻斗回转过程中扩大缩径部分直径以防卡钻。

8）遇钻孔涌水的地层钻进，涌水地层是指在有地下水通道的高压含水层中旋挖成孔时，承压水会大量涌向钻孔内，使原有稳定液性能被破坏（遇水稀释），使稳定液的护壁作用和静水压支撑作用降低，不能平衡地层侧压力，造成孔壁坍塌。对付这类地层的办法是配制加重稳定液，边造孔边加入重晶石粉，使新液性能达到黏度大于 30s，密度大于 1.3，失水量小于 15mL/min，pH=8 ~ 9，胶体率不小于 97%，静切力 30 ~ 50mg/cm^3。

9）遇铁质胶结（或钙质胶结）硬板砂层钻进，"铁板砂"主要特征是细砂液被胶结后，有一定抗压强度，在该地层中钻进可采取如下措施：①改变钻斗切削角，把钻斗刀座角度加大到 50° ~ 60°，在钻进时使钻齿有足够大的轴向压力来克服"铁板砂"的胶结强度，就能在较大的钻压下钻进"铁板砂"；②调整钻进工艺，采用较高的轴向压力、较低的回转速度，避免钻齿在高的线速度下与"铁板砂"磨削磨损，提高钻进效率。

②在泥岩地层中钻进要点

泥岩是泥质岩类的一种，是由粒度小于 0.005mm 的陆源碎屑和岩土矿物组成的岩石，属软岩类。泥岩的成分很复杂，主要是高岭石、伊利石、蒙脱石、绿泥石和混层黏土矿物等。常见或主要的泥岩都是呈较稳定的层状，常与砂岩、粉砂岩共生或互层。由于泥岩的特殊的物理力学性质，在旋挖钻机作业时，若要充分提高钻进效率，则往往需要解决钻进过程中出现的钻具打滑、吸钻、糊钻等不良工况。提高钻进效率的措施一般从三个方面着手：调整钻机的操作方式（采用压入回转、高速切削的操作方式来破碎钻进）；选用合适的钻具（机锁式钻杆和单开门截齿钻斗）；优化钻齿的布置（将齿角由 45° 改大为 53° ）。

（8）清孔工艺

①第一次孔底处理

旋挖钻斗钻工法采用无循环稳定液钻进，钻渣不能通过稳定液的循环携带到地面沉降下来（即所谓的连续排渣），而是通过钻斗提升到地面卸渣，称之为间断排渣。产生孔底沉渣的原因：钻斗斗齿是疏排列，齿间土渣漏失不可避免；土渣在斗齿与钻斗底盖之间残留；底盖关闭不严；钻斗回次进尺过大，装载过满，土渣从顶盖排水孔挤出；在泥砂、流塑性地层钻进时，进入钻斗内的钻渣在提升过程中流失严重，有时甚至全部流失于钻孔内；钻斗外缘边刃切削的土体残留于孔底外缘。

第一次孔底处理在钢筋笼插入孔内前进行。一般用沉渣处理钻斗（带挡板的钻斗）来排除沉渣；如果沉淀时间较长，则应采用水泵进行浊水循环。

②第二次孔底处理

在混凝土灌注前进行，通常采用泵升法，即利用灌注导管，在其顶部接上专用接头，然后用抽水泵进行反循环排渣。

5. 常遇问题及对策

由于旋挖钻斗钻成孔灌注桩常会遇到一些问题，如孔壁坍塌、孔内埋钻、钻孔倾斜、缩径、超多、漏浆、卡钻、掉钻、钢丝绳断裂、钻杆事故、沉渣过厚等。

第四章 既有建（构）筑物的地坪止沉与基础托换

第一节 既有建筑的软土地基加固

一、与建筑物同步施工的刚性桩复合桩基

（一）异形截面沉管灌注桩

1.异形截面沉管灌注桩的钢模管

这里主要介绍的异性截面沉管灌注桩截面有十字形与Y形两种。在中300或更325的钢管底部沿管周焊接四块均分的钢凸边，呈十字形截面钢模管，焊接三块均分的钢凸边呈Y形截面钢模管。钢凸边的直边高度需满足对混凝土填密空间的时间小于土体回弹（塌孔）时间的要求，具体高度可在施工前进行试成桩确定（按宁波市淤泥与淤泥质土试验结果为平直度高度需≥0.8 m）；上斜边的比例为底：高=1：2，下斜边的比例为底：高=2：1，沉桩采用预制混凝土桩靴封管底。

常见的钢凸边为梯形截面，底边100mm，顶边50 mm，高100 mm，均匀等分的钢凸边焊接在钢管底部的周围；如果焊接均等分4块钢凸边，钢模管剖面呈十字形截面；如果焊接均等分3块钢凸边，钢模管剖面呈Y形截面。

软地基刚性桩的承载力值主要来自桩与桩周土的侧阻力，侧阻力的大小取决于桩与桩周土的接触面积。在软土地层的摩擦型桩，桩侧阻力占桩总竖向承载力值的比例为70%～90%。

对于摩擦型灌注桩而言，桩与土的接触面积大，则桩的摩擦承载力高；桩与土的接触面积小，则桩的摩擦承载力低。相同截面积的十字形截面或Y形截面桩的截面周长比圆形截面或方形截面的截面周长大一倍左右。由于接触面积增加许多，十字形截面或Y形截面桩的截面比圆形截面桩或方形截

面桩侧阻力提高一倍左右。一般情况下，十字形截面或 Y 形截面桩的竖向承载力值高出圆形截面或方形截面桩的竖向承载力值 30% ~ 40%。

十字形截面或 Y 形截面灌注桩适用于多层建筑桩基础、高速公路、港口堆场、大面积厂房地坪的软地基处理。采用桩与土共同作用的复合桩基地基，可节省桩的建材 30%，可节约造价 30%。

2. 成异形截面的原理

钢模管底部的焊接加翼钢凸边形成十字形或 Y 形截面的钢模管。

当上拔钢模管时，钢模管内混凝土在自重压力作用下快速充填加翼钢凸边上拔后在土层中留下的空隙。考虑到混凝土的重度远大于土体的重度，一般情况下钢模管上拔位移后，加翼钢凸边在土层中留下的空隙因土体回弹而空隙消失。

由于加翼钢凸边高度满足混凝土填密空间的时间小于土体回弹（塌孔）的时间要求，具体高度可在施工前进行试成桩确定。按宁波市淤泥与淤泥质土试验结果为平直度高度需 ≥ 0.8m，能够保证钢模管内混凝土的自重压力作用下填满钢凸边的空隙，满足了截面为十字形或 Y 形截面灌注桩成桩施工要求。

（二）成桩施工与桩承载力值的计算

1. 成桩施工

（1）成桩程序

施工异形截面沉管灌注桩按如下程序施工。

①在设计桩位先预埋好预制混凝土桩靴，桩机就位将钢模管套入预制混凝土桩靴，校正钢模管的垂直度。

②将钢模管与预制混凝土桩靴静压沉至设计要求的标高。移除钢模管上口的夹持钳，用上口丢一块石子听声检验钢模管内有否进泥或进水（在新的场地首根桩均须检验）。

③放置钢筋笼，用卷扬机钢丝吊装并控制标高，钢模管内灌满混凝土（第一次）；移动夹持钳夹紧钢模管的上口，振动上拔事先计算好的高度，在钢模管的上口（第二次）灌满混凝土。

④继续振动上拔，将钢模管拔出土层，即成桩。

桩机转入下一桩位重复上述程序施工。

（2）二次灌满

混凝土施工是保证钢模管内混凝土有足够的自重压力。异形截面沉管灌注桩在施工中，钢模管内混凝土有足够的自重压力，能确保钢模管上拔与管内混凝土下落同步。同步则说明钢模管内混凝土在自重压力作用完全充填加翼钢凸边上拔位移在土层中留下的空隙；不同步则说明管内混凝土自重压力不足，不能完全充填凸边上拔的空隙，桩底被一定压力的流态土已冲入桩底，使桩端完全丧失端阻值而成为废桩。

二、十字形截面沉管灌注桩在复合桩基中的应用

（一）软土地层的地坪加固设计概述

1. 地坪地基加固目的

软土地层上的大面积工业厂房、公共建筑、室外大面积堆场地坪的地基随着填土荷载和使用荷载增加，加之软土的持续固结沉降量大而且随着时间增长始终不能稳定等原因，常会出现地坪大面积的不均匀沉降，对正常生产和使用带来困难。

软土区的厂房地坪沉降带有普遍性，建厂前或建厂同时对地坪地基进行地基处理的方法多，而且成本相对要低一些。但目前，若厂房建成后发生沉降因受空间限制对地坪地基处理一般只能用锚杆桩梁板架空地坪，成本则很高。基于目前的地坪处理基础，需探求一种实用经济的地基加固方法达到地坪止沉与满足地基承载力值要求的复合桩基。

2. 十字形沉管灌注桩

软土地基处理采用沉降控制的复合桩基，桩的承载力值有效发挥程度将直接影响软地基处理的效果。因截面为十字形，桩侧表面积达到最大，桩侧阻力达到最高，使单桩的承载力值大幅度提高，减少单位面积桩数，从而降低软地基处理的费用。

十字形沉管灌注桩采用钢管护壁，钢模管底端焊接封闭钢凸边（图6-3）。当带凸边钢模管沉至标高后从上口浇筑混凝土，振动拔管即成如图6-4所示截面的素混凝土桩。在施工过程中，为保证管内混凝土完全充填凸边随钢模管上拔滑移瞬间留出的空间，钢模管凸边长度需 ≥ 0.8 m。

（二）施工

1. 设计布桩面密度

设计布桩面密度为 1.67% ~ 2.41%，对于软土地层属中等偏低的挤土影响的设计布桩。施工须控制沉桩挤土产生的超静孔隙水压力累加递增，而泄压与时间有关，可按照隔一打一连续施工。

2. 沉桩程序的土体位移计算

因沉管式十字形灌注桩为挤土桩，需采取有效措施确保沉管挤土相邻桩不受挤土影响，确保沉管挤土产生的超静孔隙水压力不累加。相邻桩产生最大变形量可按地表水平位移计算所得，假定桩沉入均质、不可压缩及各向同性的无限土体中隔一打一对相邻桩产生的最大变形量为 11.14 mm，实际土体施工中最大变形量 < 11.14 mm。

3. 保证单桩质量的必要条件与措施

（1）地表以下 1.5m 至桩底范围振动拔。管施工过程中需确保钢模管内混凝土液面标高始终不低于地面标高。确保钢模管内混凝土自重压力足以充填拔管留出土体的空间，从而保证十字形灌注桩的成形质量。

（2）钢模管内混凝土灌满仅占桩体积的 46%，当振动拔管时需确保钢模管内混凝土液面标高始终不低于地面标高。拔管期间需进行多次高空加料，但高空加料效率与安全存在问题。地面以上宜用 φ600 mm 直径钢模管连接或采取可靠补料措施，使满灌混凝土占桩体积 90% 以上，不足时适当二次补料。

三、刚柔组合桩复合地基

（一）概述

1. 软土地坪的地基处理概述

复合地基（水泥搅拌桩、石灰桩、碎石桩、低强度混凝土桩等）或桩基采用梁板架空（造价昂贵）的刚性堆场方案的工程价每平方米地坪需 250 ~ 350 元，该方案成本投入较大，不宜选用。为探求经济实用的复合地基方案，研究在水泥搅拌桩中心用沉管桩的工法，沉管灌注桩采用低强度（C10）混凝土，称为"刚柔组合桩"的复合地基。

该复合地基处理方案应用于软基地坪或堆场软地基的处理，对照水泥搅拌桩复合地基方案作技术与经济分析对比。

2. 本工程软土地坪设计要求

（1）软地基处理后的复合地基承载力特征值 fak=75 kPa。

（2）软地基处理后地坪沉降量＜ 200 mm。

（3）软地基处理每平方米工程价 ≤ 150 元。

（二）结合地质参数计算与技术与经济分析对比

1. 地质条件

设计要求软基地坪复合地基承载力特征值 fk ≥ 75 kPa。

2. 刚柔组合桩复合地基：布桩平面如图。

刚柔组合桩承载力特征值计算。水泥搅拌桩为柔性桩，模量与土接近，增大桩径可使桩的侧阻力提高，成为刚性桩与土过渡。水泥搅拌桩中心插入混凝土刚性混凝土桩，有利于桩土协同工作，通过刚性桩进入深层好的土层，传递荷载至深层的土层，阻止组合桩的刺入变形，减少地基土的压缩变形，使刚柔组合桩的承载力值大幅度提高。

在更 600 mm 水泥搅拌桩中心沉入更 325 mm 沉管灌注桩，水泥搅拌桩经挤扩后直径为更 683 mm，为刚柔组合桩承载力特征值。

3. 水泥搅拌桩复合地基

为降低复合地基的工程造价，采用长短桩结合的水泥搅拌桩复合地基，其中长桩为 12 m，短桩为 8m，采取间隔排列方式。

4. 沉降计算分析

复合地基沉降计算主要发生在复合土层内，即 S_1 按复合土层的计算压缩变形。水泥搅拌桩复合地基即水泥搅拌桩身压缩模量。刚柔组合桩复合地基即水泥搅拌桩身与沉管灌注桩加权平均后的压缩模量。

先将水泥搅拌桩身与沉管灌注桩加权平均后的压缩模量再计算的 Esp 值。水泥搅拌桩身压缩模量为 100 ～ 120f，混凝土压缩模量为 2000MPa，计算结果：刚柔组合桩复合地基 S_1=120mm，水泥搅拌桩复合地基 S_1=320 mm。

5. 地基处理费用计算对比

（1）综合单价：水泥搅拌桩加固为 130 元 /m³。C10 低标号无筋混凝土为 250 元 /m³。

（2）每平方米复合地基费用计算：

刚柔组合桩复合地基：（0.283×7×130+0.083×27×250）/（2.5×2.5）=130.84 元 /m³；水泥搅拌桩复合地基：（0.283×12×130）/（1.8×1.8）=136.25 元 /m³。

（3）从计算结果汇总数值可得以下结论：①两个复合地基方案均能达到复合地基承载力特征值 75 kPa 的要求。②刚柔组合复合地基沉降量小，仅占水泥搅拌桩复合地基方案沉降量的 37.5%。③刚柔组合复合地基处理费用低，比水泥搅拌桩复合地基处理的费用可降低 4%。④本工程桩端硬土层埋深达 27.5m，如埋深在 15 ~ 20m，则刚柔组合桩复合地基方案优势明显体现，可节省工程造价 30% ~ 35%。

6. 刚柔组合桩复合地基的施工与检测

（1）刚柔组合桩的要求

水泥搅拌桩的水泥用量为 15%，添加适量增强剂，要求搅拌均匀。C10混凝土的无筋沉管灌注桩可掺加 30% 的粉煤灰，改善混凝土的和易性。

（2）刚柔组合桩的施工

①按设计布桩施工水泥搅拌桩，每完成水泥搅拌桩后便在桩的中心设置标识，妥善保护或在中心预埋桩靴，便于沉管灌注桩正确定位。

②严格控制沉管灌注桩施工的垂直度，确保沉管灌注桩置于水泥搅拌桩的中心。因水泥搅拌桩掺入增强剂，施工间隔时间不宜超过 3 d，宜选择流水施工。

（3）复合地基垫层施工

复合地基的垫层采用级配道碴或级配碎石，要求回填密实，厚度不小于 800 mm，以确保地面荷载能够均匀传递给刚柔组合桩。

7. 刚柔组合桩复合地基的检测

复合地基的机理是个复杂的问题，计算分析固然安全可靠，但必须通过实地检测验证才能达到工程要求。这种观念也是符合"岩土工程"是一门实践性与经验性学科的论述。

（1）设计复合地基承载力值的检测

按设计方案先在拟建工地施工小面积的复合地基做试验，施工完毕后进行复合地基承载力值与变形检测。根据检测结果对照设计进行相应调整，调整后再出具完善的设计图纸资料等交付施工单位进行施工。

（2）设计复合地基承载力值的施工检测

在施工过程对桩和垫层施工按施工验收规范与设计文件要求对质量要求进行全面监控和检测。施工过程中的复合地基承载力值与变形检测。

8. 刚柔组合桩复合地基研究结语

（1）因桩周土、柔性桩（水泥搅拌桩）、刚性桩（混凝土桩）的模量由小到大各不同，通过柔性桩的过渡可改善桩土协同工作性能。刚性桩进入良好持力层，阻止桩端刺入变形使桩的侧阻力达到最大发挥，使刚柔组合桩的承载力值提高。

（2）刚柔组合桩复合地基工程造价可大幅度降低，与水泥搅拌桩复合地基的造价相比可节省4%。

（3）根据变形验算，远小于水泥搅拌桩复合地基沉降量。

（4）软土地基处理机械与工艺均为常规机械与工艺，施工简便，效率高，工期短，质量可确保，效果也可预期。

（5）岩土工程是通过工程实践经验与理论知识相结合的学科，计算结果与实际工况有很大差距。为对选定的地基处理方案需作小面积地基处理施工与检测，按检测结果修正设计方案后方可大面积施工，建议试验面积达到$6m \times 6m$、$10m \times 10m$。

（6）建议采用刚柔组合桩复合地基方案。

第二节 既有建（构）筑物的基础托换

一、既有建（构）筑物的托换桩

既有建（构）筑物静压锚杆桩的托换桩有预制钢筋混凝土桩、预制钢筋混凝土桩底后注浆桩与钢管桩三种。静压锚杆预制钢筋混凝土小方桩是工程中应用最为广泛的桩型，当桩端持力层进入颗粒土（砂层、碎石、砾石）层通过桩底后注浆可大比例提高桩的承载力值的预制钢筋混凝土注浆锚杆桩，对于量少而且工期要求高的可用静压钢管锚杆桩。静压锚杆桩的托换桩施工均以建（构）筑物自重为锚拉力的静压沉桩。

（一）静压预制钢筋混凝土小方桩的静压锚杆桩

1.静压预制钢筋混凝土小方桩的概述

（1）规格尺寸

静压锚杆桩是预制钢筋混凝土小方桩，用既有建（构）筑物自重为压桩反力，将预制钢筋混凝土小方桩静压进入土层。因受到既有建（构）筑物空间所限，常规既有建（构）筑物空间可采用的桩段的长度为 2 ~ 3 m，有的自行车库的层高仅 2.2 m，低空间可选用 1.0 ~ 1.5m 桩段的长度。常见预制方桩截面有 200 mm × 200 mm、250 mm × 250 mm、300 mm × 300 mm、350 mm × 350 mm 四种，桩连接一般用硫磺胶泥插接或在桩段的两端预埋钢板焊接接桩。因属既有建（构）筑物的桩基，不受接桩节头数量的限制。

（2）应用范围

静压注浆锚杆桩应用于土木建筑工程中的建（构）筑物桩基础，采用桩心后注浆的静压锚杆桩基础，其应用范围如下：

①用于既有建筑基础托换与补强：如房屋增层、房屋倾斜纠偏的房屋止沉等的基础加固。

②用于桩基工程的补桩：如工程施工漏桩或承载力值检测达不到设计承载力值，或基坑工程挖土产生工程桩过大位移或断裂，均须进行工程补桩。当场地无条件施工原工程桩型时只能应用静压锚杆桩，而且该桩型施工不占用主体施工工期。

③在逆作法施工中，为节约桩基施工时间先施工伐板基础，待地下室或主体施工到 2 ~ 3 层后进行静压锚杆桩施工，锚杆静压桩作为工程桩使用。锚杆静压桩施工前，主体结构的自重荷载需满足密集压桩情况下的压重；为静压锚杆桩目的使承载力值得到最有效地提高，从而减少桩数与降低工程造价的目的，可采用注浆静压锚杆桩。

（3）静压注浆锚杆桩的研究意义

静压锚杆桩基础用于既有建筑的基础加固工程是质量可靠的一种常用的桩型，目前有国家专业技术规程指导设计与施工。工程中补桩与弥补承载力不足的配合桩型，具有以下特点：

①静压锚杆桩施工不受场地和空间的限制。静压锚杆桩施工机具轻巧灵活，可在很小的边角场地安装施工，几乎不受空间高度限制。

②静压锚杆桩施工几乎为零工期：静压锚杆桩借助于正在施工的建筑物自重为反力，用液压千斤顶将锚杆桩桩段沉入土层，桩段间用硫磺胶泥或钢板焊接接长。静压锚杆桩施工与建筑工程可同步施工，不占施工总工期的时间，上部建筑照常施，故可称作零工期的桩基工作。

③静压锚杆桩工程造价。静压锚杆桩施工完全采用人工借助于液压千斤顶将锚杆桩的桩段分段沉入土层，短桩段须多次接桩，约30m的静压锚杆桩须近一天时间才能施工完成，工效很低。近年来劳动力成本数倍高涨，相对于建筑桩基的造价而言，静压锚杆桩的工程造价是昂贵的。一般情况下应用于既有建（构）筑物或沉桩条件受限制情况下的桩基施工。

相同情况下，采用静压锚杆钢管桩可比静压预制钢筋混凝土小方，在造价上可节省50%左右。

2. 静压预制钢筋混凝土方桩施工的注意事项

（1）锚杆桩孔

以建（构）筑物自重为反力的静压预制钢筋混凝土方桩的沉桩施工的桩孔，是采用钢筋植入建（构）筑物基础、底板或地梁浇筑的钢筋混凝土桩孔，成为钢筋混凝土方桩支承的承台。承台的厚度 ≥ 0.5m，承台中预留的桩孔为预制混凝土方桩插入，由植入承台的锚杆筋为沉桩反力，将预制混凝土方桩静压沉入土层至要求的深度。承台桩孔呈梯形的桩孔（上正方形小，下正方形大），上正方形尺寸：（b+50 mm）×（b+50 mm），下正方形尺寸：（b+100mm）×（b+100mm），b为预制混凝土方桩截面的边长。

（2）压桩力的确定

通过大量的静载荷试桩验证施工压桩力与桩承载力值之间的关系：施工需按照规范进行试桩确定桩的承载力值，由压桩力控制施工的桩都有明确的承载力值。

（2）锚杆钢筋的植入与选用

考虑锚杆钢筋的锚固力不均匀受力，按3/4的Q确定锚杆钢筋的锚拉力，从而选取相应规格的钢筋。植入锚杆桩承台的电钻孔直径需 ≥ 1.5 d ~ 2.0d，当用结构胶植筋的钻孔直径需 ≥ 1.5 d，锚固长度 ≥ 20 d。当用硫磺胶泥植筋的钻孔直径需 ≥ 2.0 d，锚固长度需 ≥ 30 d，其中 d 为锚杆钢筋的直径。

用硫磺胶泥植筋施工要注意控制硫磺胶泥的温度，硫磺胶泥熔化后保持 165℃温度。在植筋过程中，硫磺胶泥需避免烧焦，影响锚杆钢筋的抗拔力的正常发挥，过低会影响流动性，影响与锚杆钢筋的胶结效果，也会影响锚杆钢筋抗拔力的正常发挥。

3. 静压锚杆桩施工

因在既有建筑的狭小的空间中施工，不能采用桩机进行静压沉桩的施工，只能采用槽钢焊接的反力架。压力架用螺母固定在已套丝的锚杆钢筋上，用液压千斤顶静压将预制桩段沉入土层。

通过桩段接长直至进入桩端持力层，按液压千斤顶显示的压桩力达到 N 值，完成成桩施工。根据工程要求的不同，采用相应的下述措施。

（1）常规的既有建筑的基础的托换

常规的既有建筑的基础补偿性托换，成桩施工后即可按下述工序对承台桩孔用高标号混凝土或高强度灌浆料封孔。对承载力具有较高要求的可在桩孔壁上采取植筋的方式进行加强。

（2）当有不均匀沉降的既有建筑基础的托换

有不均匀沉降的既有建筑基础补偿性托换，从沉降大的一侧先行沉桩施工，成桩后采用焊接方式将锚杆钢筋上的钢筋固定在预制桩顶。施工顺序由沉降量大的往沉降量小的一侧施工时，这样施工程序施工可减少原有的差异沉降。

原施工静压锚杆桩的承台桩孔用高标号混凝土或高强度灌浆料封孔，以后就跟随沉桩进度完成封承台或基础桩孔。

（3）有纠偏意义调整差异沉降的基础的托换

当有纠偏意义调整不均匀沉降的基础补偿性托换，先从沉降大的一侧先施工，完成成桩施工后，即用钢筋焊接在对应的锚杆钢筋上。焊接钢筋交叉压着已完成成桩的桩顶，固定预制桩顶反弹，此时压入土层的预制桩段已经开始承担基础托换工作，开始发挥基础的止沉。施工完沉降大的一侧，可以在不清除交叉钢筋前提下，桩孔用高标号混凝土或高强度灌浆料封承台桩孔。

沉降大的一侧完成成桩施工后，预制桩段顶在承台桩孔中为自由状态，不约束、不封灌混凝土，让建筑物继续沉降。制定沉降观察计划，等待满足允许的差异沉降量时才可用高标号混凝土或高强度灌浆料承台桩封孔，达到纠偏意义调整差异沉降的基础的托换。

用施工控制自然纠偏的施工方法，需要的工期很长，少则3个月至半年，多则1年至2年，工程一般为控制差异沉的减小，用此法是有效的。

（二）静压注浆锚杆桩

1. 静压注浆锚杆桩构造

静压注浆锚杆桩是由工厂化生产的标准桩段与底桩段组成、每段常规长度 2 ~ 2.5m，常规截面由 250 mm × 250 mm、300 mm × 300 mm、350 mm × 350 mm。

标准桩段中心预埋直径15 mm硬质塑管两端攻有内丝接螺纹直通空室，顶端四角预留锚杆孔，底端桩段中心预埋直径15 mm硬质塑管上端内丝螺纹，下端与直径25 mm硬质塑管丝接，桩段底面四角与桩段主钢筋焊接的螺母，规格与锚固钢筋相匹配。

避免桩段运输搬运过程桩段预锚入钢筋变形影响接桩质量，采用运至工地将锚入钢筋丝接在标准桩段螺母上。根据桩周土特性，需要提高桩的侧阻力进行桩侧注浆在相近标高位置，对达到混凝土强度标准桩段钻孔穿入空室为桩侧注浆的出浆孔，一般对称二孔，孔径为 6 ~ 10 mm。须加固多层地基土则在多层须注浆位置的桩段钻孔穿入空室出浆孔，孔径上小下大。底桩段中心预埋直径15 mm硬质塑管与直径25 mm硬质塑管，钻孔穿注浆接管为桩周的出浆孔，防止注浆接管堵孔替换桩底注浆的出浆孔。在施工时对各桩段进行编号，确保桩侧注浆桩段在计划的位置，即完成静压注浆锚杆桩各桩段沉桩前的准备工作。

2. 静压注浆锚杆桩施工

桩段就位，校正垂直度后起动液压千斤顶，将底段桩沉入土层，试锚固钢筋与锚杆孔对接无误，可在沉入桩段顶面安装注浆短管，保持上下桩段面在 100 mm 左右距离时，即将下段桩的四周围护至高出桩面 50 mm 左右。灌入液态硫磺胶泥，硫磺胶泥流入锚杆孔满溢将上段桩对齐下段桩缓慢下放至接合，待硫磺胶泥冷却即可拆除下段桩的四周围护，进行第二段桩的沉桩施工前先安装注浆短管。

由于注浆短管长度比空室高度短 20 mm，硫磺胶泥不会堵塞注浆管，确保全桩长注浆管贯通，上下桩段由硫磺胶泥紧密结合密缝不产生漏浆。

注浆管外接金属注浆管至一定高度。顶面植筋孔内灌入硫磺胶泥插入与承台连接钢筋，然后将标准桩段顶面送入土层至设计高程，完成沉桩施工。按计划的注浆量注入水泥浆液，拆除外接金属注浆管，灌实混凝土完成锚杆桩与基础承台的连接完成静压注浆锚杆桩。

（1）硫磺胶泥的质量控制

硫磺胶泥不宜用铁锅炒，因锅炒的温度不宜控制，炒焦后即失去接桩的强度；宜用电控恒温锅，控制加热温度 165℃ ±5℃，过高影响强度，过低影响硫磺胶泥流动性。用于地铁工程不能应用硫磺胶泥，因在隧道内空气流通性差，硫磺胶泥释放出气体对施工操作人员的健康有影响，但用结构胶替代，费用也相应增加。

（2）桩底后注浆

根据桩穿越土层性质选定加固桩端土层或桩周各层土：

①加固桩端土：图 6-15 不留出浆孔；

②仅须注浆加固桩周土层：图 6-16 取消桩端出浆口；

③加固桩端土又同时加固桩周土：则按图 6-17 设置侧向出浆孔。

3. 静压注浆锚杆桩

降低工程造价通过静压锚杆桩的桩底后注浆，使桩的承载力值提高；桩端持力层或桩侧土为砂性土，承载力值可提高 50% ~ 80%，持力层或桩侧土为粉土可提高 30% ~ 50%，持力层或桩侧土为黏性土可提高 20% ~ 30%。减少桩数使工程造价降低，初估可降低成本 20% ~ 40%。

第三节 既有建（构）筑物的岩土工程问题

一、悬浮在淤泥质土层的地铁隧道沉降

（一）悬浮在淤泥质土层的地铁隧道

1. 地铁隧道悬浮在淤泥质土层中的问题

（1）深厚软土区道路的路基沉降量大。例如桥基因桩基沉降量小，而路面沉降量较大，导致桥面与路面的交界处存在几十厘米甚至一米多的高差。即使通过缓坡过渡，汽车通过路与桥的连接处也会出现"桥头跳"现象。

如果地铁隧道是悬浮在淤泥质土层上，而地铁车站为桩基（抗压与抗拔），隧道与车站的也会出现类似地面与桥面的高差。在地面通过路桥交接处出现桥头跳，最多是乘客向车顶猛跳碰头，而地铁隧道与车站交界的高差会造成运行列车的出轨，危及乘客生命。

（2）上海的软土与天津软土（塘沽软土除外）类同，为粉细砂与淤泥质土呈千层式薄层交替的互层。该种土质性质一般是水平向排水条件好，土体固结速度快，天然地基的最大沉降量300～400mm，建筑物一般经过5～8年的压缩沉降基本达到稳定。

宁波软土与温州软土、福州软土类同，均为厚层淤泥与淤泥质土，压缩性大，天然地基的最大沉降量可达1000～2000 mm，并且持续变形时间长，超出20年建筑物的地基沉降还没有稳定。

例如：宁波镇安巷原建的五层混合结构住宅，采用天然地基，10余年后住宅底层基本沉入土层。通过在马路上搭跳板至二楼，由二楼的楼梯回到一层，是典型低洼地区，一旦下雨，底层进水约1.5 m高，根本无法正常居住（结合旧城改造拆除重建），从现场看，10余年建的多层住宅的沉降量已超过2 m。

根据轨道交通工程师介绍，上海地铁建成运行8年累计最大沉降量约达140 mm，但沉降目前仍未稳定。根据类比法推算宁波的地铁隧道沉降需达500～600 mm。隧道顶与列车顶的空间很小，继续靠调节轨道来保证列车正常运行。

（3）列车运行的隧道穿越不同的土层，出现不均匀沉降均是以注浆作为加固与处理的手段。在处理方案中，没有采用静压锚杆桩或金属螺纹桩托换使悬浮在淤泥质土层的地铁隧道止沉。桩基加固地铁隧道的案例与相应规范在国内外还没有成形，只有采用注浆加固与处理施工措施。

宁波软土的颗粒极细，注入的水泥浆液不可能进入土体之间结的空隙。因为水泥浆液中水泥的颗粒远大于土体的颗粒，土颗粒之间的静电水膜稳定结合也没无法打开。注入的水泥浆液在压力作用下，在土层中挤出缝隙为注入的水泥浆液的通道，集中在一处堆积，随着注入量累计导致堆积的水泥浆液也越大，但是并没有对土体的起到加固作用；相反水泥浆液的堆积挤压会对土体造成扰动，进而产生新的沉降。

现行轨道交通设计规范没有规范的措施处理隧道的沉降，而又不接受隧道内可以用桩基施工的事实，这是一个值得探讨问题。

2. 深厚软土中悬浮在淤泥质土层的地铁隧道

软土的特性归纳为：含水量高、强度低、压填缩性大、渗透性小、变形的延续时间长，而且还具有结构性、高灵敏性和流动性，灵敏度一般为3～5。

地铁隧道悬浮在淤泥质黏土或淤泥质粉质黏土，如果不了解宁波软土的特性，处理工程问题极易出现问题。例如北仑电厂一号机组水泵房工程，泵房埋深6～7 m，土层为软土层。因地下水泵房的总重量小于地下室挖出的软土重量，按照地基基础设计规范中的地基补偿概念，地下水泵房是不会沉降的，但会不会上浮？

设计院按地基基础设计规范的地基补偿概念，泵房地下室采用天然地基方案，运行不到一年，泵房地下室产生沉降而且伴随发生倾斜。由于泵房对平整度要求很高，通过不断靠间隙调整平整度来维持运转，对泵房地下室止沉加固施工（用三重管旋喷水泥桩围封泵房，底板内凿孔注浆止沉）后达到使用要求。通过泵房地下室的实例，宁波软土地基的设计中淤泥质土不作补偿。

现在的软土地铁隧道设计还是采用地基补偿的概念，地铁隧道悬浮在淤泥质土层中，要科学分析软土地铁隧道原因确实很难，也很复杂。岩土工程往往将复杂的问题简化为简单的处理方法是很有效的，我们也可以将软土中的地铁隧道变形的复杂问题可以用简单的方法处理，即用桩支承地铁隧道，就可以解决软土中的地铁隧道沉降变形的问题。

列车在隧道中高速运行，运行的隧道按一定频率振动，对隧道周边软土产生扰动，扰动后呈流态。随着时间的延伸流态土中的自由水泄离而对隧道产生下沉，因隧道两端又受到站台的约束，必然呈纵向弯曲变形，造成隧道开裂，地层中的自由水，地表渗入的滞水由裂缝进入隧道内。据了解上海软土隧道下沉量是很大的，差异沉降主要是靠列车停止运行间隙抢修与调正变形，否则危及安全。

（二）悬浮在淤泥质软土的地铁隧道沉降问题

根据轨道交通指挥部介绍，轨道交通沿线的地质条件以宁波市1号线为例，盾构隧道大部分在淤泥质土层中，地铁隧道向南延伸后盾构隧道就在硬土层上。

地铁隧道设计者认为：在盾构隧道内施工桩基是可以从根本解决软土中地铁隧道沉降问题，但目前的盾构隧道结构存在的是第1隧道管片结构上无法留出桩孔，第2隧道管片厚300 mm用螺栓连接组成正圆形隧道体，其无法承受沉桩反力；而且在国内外均没有在隧道结构内施工桩基的先例。

谨慎通过管片预留孔内注浆，在运行中出现沉降还可在管片预留孔内进行二次注浆等措施。

1. 软土中地铁隧道沉降的新忧虑

（1）用类比法分析地铁隧道的变形

①软土中地铁隧道的累计沉降量

上海地铁隧道是建在软土地层上，从沉降曲线可判定基本达到稳定，因地铁隧道与车站均有一定量的沉降，所以线路的差异累计沉降要比140 mm要小一些。宁波软土与上海软土有很大的不同，宁波软土具有含水量大、重度小、强度低、高压缩性、弱渗透性、变形持续时间长、具有结构性与高灵敏度等物理性质指标。上海软土不仅土性指标比宁波软土好很多，而且具有薄层粉砂与软黏土间隔互生，俗称千层饼式地基，具有良好排水固结的条件。根据天然地基的沉降观察资料分析，上海软土上天然地基建筑的最终沉降量

200～300mm，8 年时间基本可以达到稳定。而宁波软土上天然地基建筑的最终沉降量预计将达 800～1800 mm。

通过宁波与上海软土的天然地基建筑的最终沉降量的比值对比，宁波的沉降量是上海沉降量的 4～8 倍。岩土工程常用类比法分析，根据上海地铁隧道实测沉降量 140 mm 类比法比例放大即可得到宁波软土地铁隧道运行 8 年的沉降量为 560～1120 mm。

②软土中地铁隧道沉降稳定的时间

上海地区软土因排水固结条件优于宁波地区软土，例如：宁波迎凤街多层住宅沉降造成住宅倾斜，建造至检测的时间已超过 22 年，该多层住宅的沉降变形还没有稳定。

根据上海软土类比宁波软土的类比法分析，上海软土类沉降变形的时间为 8 年，沉降变形基本可以达到稳定，而宁波软土的沉降变形 22 年还未稳定，加上 8 年以后的后续沉降变形量就更可怕了，这是我们今后要考虑的问题。

（2）隧道管片螺栓拼接呈正圆形结构体的变形问题

随着盾构机的推进，由预制块拼接成正圆形的隧道管片，并通过预埋在混凝土中的螺栓连接成正圆形的结构体，成为地铁隧道，在外力的作用下易由正圆形截面变成椭圆形。例如：地铁隧道线旁正在施工某工程的基坑，因土方施工产生土体位移达 50 mm，致使地铁隧道成为椭圆形隧道。说明用单层管片螺栓连接成正圆形的结构体刚度很差，极易变形。如果交付使用后的地铁隧道类似上述土体位移造成隧道体变形该如何应对，这也是我们新产生的忧虑。

盾构推进法施工有单层管片与双层管片，如果采用双层管片的厚度，将内层管片改为现浇的钢筋混凝土圆筒体，可以用顶进滑模的工艺施工，与外层预制的钢筋混凝土管片整浇结合，组成叠合厚度的钢筋混凝土隧道体，形成钢筋混凝土圆筒刚性隧道体。该做法不仅可防止在外力作用下隧道体的变形，而且还可在隧道体内施工桩基，可有效消除地铁隧道的沉降。

（3）对隧道管片预留孔内注浆加固软土效果的忧虑

通过管片预留孔内注浆加固软土，在运行中出现沉降仍然还可以在管片预留孔内进行二次注浆等措施。对宁波软土中（除了江北局部地段有粉细砂地层以外）的注浆加固软土的效果基本上是没有的，相反还会加大软土的扰动，从而产生新的沉降。对管片预留孔内注浆加固软土，防止地铁隧道沉降的二次注浆，作为主要的措施是我们今后要关注的问题。

地铁隧道注浆加固砂层、碎石类、卵石层具有很好的效果，含黏土夹砂、黏土夹碎石、黏土夹卵石、粉土地基具有较好的效果；而上海软土是由间隔软土与薄层粉细砂互层组成，尤如千层饼式交替互层，具有排水固结的条件，通过注浆加固土层也有一定的效果。

但宁波软土与上海软土的性质完全不同：宁波软土是由极细的土颗粒外包静电水膜组成结构性土，因土体的渗透性极小，注入的水泥浆不可能通过土体空隙均匀进入土体；因土颗粒小于水泥颗粒，很难解脱土颗粒水膜静电作用，不能通过土体孔隙均匀进入土体，浆液只能在压力作用下劈裂形式进入软土体内。如注入的少量浆液可引成圆柱状水泥浆液，随着注入的浆液增多，即由圆柱状水泥浆液成为注入的通道，水泥浆液在压力小的土体处堆积成水泥浆液块体，注入浆液越多，堆积成水泥浆液块体就越大，因注入水泥浆液不能通过土体颗粒间的孔隙均匀进入，而是压力通道挤入土体堆积成水泥浆液块，所以不能达到加固软土的目的。相反随着注入浆液增多，对结构性软土产生挤压性扰动，随着注入浆液增多，土体扰动范围扩大，造成软土的强度降低而变形量增大。

理论上在类似软土地基处理可以采用劈裂注浆加固，采用双管（注浆管与注水玻璃管）双液（水泥浆与水玻璃），喷出注浆管口即硬化，在注浆设备上要自控间断性高压释放小量双液，形成针状刺入土体，即硬化为针状固体，间断性刺入土体，形成在隧道外周壁上的加劲土，但很难实施。作为地基土的加固成加劲土，其承载力值可以有一定的提高。隧道沿周软土加固，其效果尚需进一步探索，常规的低压注浆没有作用。

2. 轨道交通的地铁隧道沉降隐患的解决策略

"地铁隧道沉降忧虑与对策"的课题主要涉及软土中的地铁隧道沉降问题，工程师介绍了上海地铁隧道的实测沉降变形值时说：软土盾构隧道的沉降是不可避免的，这是全球性难题。目前国内还没有完全可靠有效的方法控制软土地铁隧道的沉降变形问题。如果地铁隧道可用桩基解决沉降问题，则相信可以从根本上解决软土地铁隧道的沉降变形问题。但至今在国内与国际上还没有用桩基的地铁隧道的先例，而且是从事地铁隧道专业人士从未想过用桩基解决软土地铁隧道的沉降变形问题，提出用桩基与复合地基解决软土地铁隧道的沉降变形问题是一种新的思路。

（1）地铁隧道内施工桩基

只要地铁隧道盾构外直径增大，在隧道内壁采用滑模施工 200 mm 厚钢筋混凝土与隧道管片组成叠合的钢筋混凝土圆洞体，则具有很大的隧道刚度，不仅可防止隧道体变形，而且还可以在地铁隧道内沉入注浆锚杆桩或拧入螺纹钢管桩。

（2）高压旋喷桩加固隧道底以下的软土

在盾构推进前沿线用高压旋喷桩加固隧道底以下的软土，成为地铁隧道的复合地基，防止地铁隧道的沉降又不影响盾构推进工艺施工地铁隧道。

（3）明挖法是最常规的施工

地铁隧道也可以直接采用桩基，由两条平行的往复圆形盾构隧道取消改用合拼为双道隧道，采用桩排或地连墙支护。采用计算机自动调整与补偿对撑的支撑力，保持基坑两侧土体稳定的围护体系，采用明挖法施工，其可行性与经济性也可进行深入研究，可以全线路用桩的变形协调。这些都说明地铁隧道沉降是可以解决的。

例如日本大阪市市中心的地铁隧道采用盾构推进与水泥土密排工形钢桩支护（即 SMW 工法）计算机自动调整与补偿型钢对撑的支撑力，用明挖法施工，同在一条线上施工。

二、建筑工程的岩土工程问题

（一）预应力管桩基础质量的分析及防治对策

1. 常见预应力管桩基础的质量问题与分析

（1）预应力管桩细裂缝

裂缝原因：多层框架住宅首选小直径管桩，如预应力管桩为中 400. 壁厚 55 mm 的薄壁管桩，采用静压沉桩施工，沉桩后隔 2 ~ 3 d 观察工程桩的内壁，可见到细裂缝渗出的连续水印痕迹，沿螺旋箍位置重合，一般沉桩施工质量检验过程易忽略，不易被发现。

当桩穿越较硬的土层须很大的压桩力，而沉桩压力大小与管桩内壁裂缝有关，壁薄易出现管桩内壁裂缝。例如舟山地区地质条件桩穿越土层时的沉桩力，一般均接近或超出管桩的截面极限抗压强度，所以出现管内裂缝较普遍。

（2）承台桩中的预应力管桩的偏位与折裂

①预应力管桩偏位与折裂的原因

预应力管桩存在抗水平力的性能很弱，应用时设计布桩密度过大、施工沉桩程序不妥、日沉桩数量过多等诸多问题。在饱和软黏土地层中，挤土施工会产生大的超静孔隙水压力，由于土层的渗透性极差，超静孔隙水压力累积过快，使土体产生大的水平位移和过快的地基土隆起，对管桩产生大的位移推力造成预应力管桩折裂；在管桩基础施工承台时的土方开挖或深基坑土方施工最容易造成管桩位移和折裂；拟建场地一侧临河，或防止沉桩挤土影响采用间隔排列的清水护壁钻孔的保护措施，均会产生场地土的应力场变化，沉入土中的预应力管桩向薄弱应力场方向位移，从而造成预应力管桩的折裂等。

②预应力管桩的折裂承载性状分析

预应力管桩在侧向水平力作用下在桩的一定部位会产生裂缝，随着水平力的增大，裂缝宽度逐渐加大，并向桩中心延伸；一般情况下，不会在桩身其他部位产生第2条裂缝，因而呈折线型开裂。一般混凝土桩（包括预制桩、沉管桩、钻孔桩）在侧向水平力作用下，在桩的某一部位出现裂缝，桩的主筋受拉屈服，钢筋的抗拉强度提高，裂缝不再向桩身发展，在相近截面位置出现第2道裂缝、第3道裂缝……；桩在侧向水平力持续作用下，裂缝按一定间距逐渐增多，但裂缝宽度不大，意从承载性状分析，预应力管桩体呈折线状折裂，基桩的承载力大幅度削弱，尤其是向一侧有规律折裂，预应力筋因低延伸率而拉断，裂缝宽度向桩心发展。桩的承载性状大幅度降低，会危及工程的安全。尤其是均向一侧偏位对工程危害更为严重。

③预应力管桩产生折裂的原因

沉桩顺序：采用预应力管桩独立承台基础，在需保护一侧采用排列清水护壁桩减压，防止沉桩挤土对需要保护一侧建筑物的影响，由于排列钻孔对地基土产生削弱条带，阻止沉桩挤土对要求保护建筑物侵害，场地内土体的初始应力场平衡被破坏。沉桩程序由建筑物平面短边开始，连续向前推进，土的超静孔隙水压力累积过快，土体除局部隆起过快之外，桩顶几乎全部向需保护一侧推移，产生桩体折裂，沉桩完成后抽检32根桩进行低应变动测，其中6根桩为四类桩，13根为三类桩，16根为二类桩，无完整的一类桩。

（4）基础土方开挖施工产生预应力管桩折裂

由于管桩的预应力筋满足以起吊运输为基础，尤其是PTC桩，含钢率仅0.18%左右，再加上光滑圆形截面，被动区的基床系数难以发挥，基坑位移产生管桩折裂，在机械挖土时触及桩顶，直接致管桩折裂，以及浅基承台挖土未及时清运堆放在一侧，均会产生桩的折裂。如江东某房产公司四期工程，承台基础仅开挖1.5 m深，由于土堆在一侧，产生大的土体位移造成工程桩的严重位移折裂。

2. 桩身上浮

桩身上浮不仅仅是预应力管桩，凡是挤土桩均会产生桩身上浮的现象，上浮量的大小与布桩密度、沉桩程序、日沉桩根数等因素有关，而且也与桩表面与桩周土的亲附性有关。如桩土之间亲附性较好，即使桩身随着土体隆起而上浮，但桩的下部由于桩土亲附性好，可阻止部分上浮量。

3. 桩土亲附性对桩承载力影响

预应力管桩静载荷试桩结果出现达不到估算承载力值问题，工程上屡有发生，而且较普遍。勘察报告提供计算参数合理的情况主要有以下分析：

（1）工程中出现的现象

①桩端持力层为坚硬性土（如老黏土、硬塑黏性土、砂土、砾砂等），桩穿越土层为软土的预应力管桩；如沉桩压力或锤击贯入度满足，经静载荷单桩承载力检测，一般都能满足估算承载力值要求。

②桩穿越土层主要是软土土层，最大沉桩阻力一般为0.5 ～ 0.75 Qk。按规范静载荷试桩结果达不到估算极限承载力标准值Qk，其比例占统计试桩的20%左右，其中差一级试桩荷载占70%，差二级试桩荷载占30%。

③桩穿越土层主要为软土，桩端持力层为软－可塑性土层的预应力管桩，

最大沉桩阻力为（0.4～0.6）Qk；静载荷试桩结果达不到估算单桩极限承载力标准值 Qk，比例大幅度增加，占统计试桩的60%，而且差二级试桩荷载的比例上升到50%。

（2）原因分析

工程中应用历史悠久的钢筋混凝土预制桩，最理想的持力层为黏性土，沉桩阻力不大，但桩的承载性能很好而且稳定。沉桩阻力与桩的承载力值没有必然关系，根据上海地质条件，桩端持力层为暗绿色的黏土层。

（二）工程防治与对策

1. 管桩内壁螺旋细裂缝的防治

管桩内壁细裂缝一般出现在薄壁型管桩，该裂缝一般与沉桩压力有关。当沉桩压力超过管桩截面极限抗压强度的90%以上，管桩内壁裂缝出现的几率较高，所以薄壁管桩一般应用于桩的穿越土层沉桩阻值较小的地层。当桩穿越土层沉桩阻值较高的如砂土层、砂质粉土、砾砂层或厚层粉质黏土、粉土等，沉桩阻力很大，宜避免采用薄壁管桩，改用厚壁管桩。

对于已经出现管内壁细裂缝，对竖向承载力影响不大，在非地震区可以不作处理；由于细裂缝的存在会锈蚀预应力主筋，在地震区需承受地震力的作用，严重影响承受水平力的能力，因此需将在管内壁裂缝范围，采用C40细石混凝土浇灌，并掺10%UEA微膨胀进行补强处理。

2. 管桩折裂的预防

预应力管桩折裂现象很普遍，一旦管桩折裂，严重的达Ⅲ类、Ⅳ类桩，轻微的为Ⅱ类桩，严重影响桩的承载性能，即使补强也难以达到完整桩的作用。因此管桩施工与设计以防为主，以补为辅。根据管桩折裂原因分析可知，大部分折裂是可以预防的。

（1）合理的设计布桩密度

在软土中施工挤土桩，土的超静孔隙水压力累积很快，消失极慢，引起大面积土体扰动，土体位移和隆起，布桩密度过大会产生强的泥流使管桩折裂，严重的产生折断。

设计人员往往忽视预应力管桩设计布桩密度的控制，所以出现众多的管桩折裂，一般设计布桩密度超过3%时，如对沉桩程序未作明显要求则出现管桩折裂的比例很高。为此，设计布桩密度须进行控制。如果出现布桩密度过高，结合地质资料选用第二持力层，提高单桩承载力而减少桩数，或改变桩径或桩型，使单桩承载力值与导荷的荷载近似成倍数关系，使各桩基承载力水平接近，桩的承载性能得到充分发挥，有效使桩的数量减少，达到布桩面密度降低。

（2）沉桩施工防止管桩折裂

①合理的沉桩施工程序

软土地层施工挤土桩防止沉桩挤土产生的超静孔隙水压力增加过快，使短时间内局部土体位移和隆起过大，并不断扩大到整个场地造成管桩折裂。其措施：沉桩施工时须周密考虑沉桩施工程序，尤其是设计布桩密度较大的工程，施工程序应避免集中沉桩流水程序。应当按纵轴单桩流水，相邻桩沉桩有一定时间间隔，使土的超静孔隙水压力有一定量的泄压，再者就是加大桩架移动距离，扩大沉桩区场地的泄压面积，可有效降低超静孔隙水压力的累增。

②控制日沉桩的桩数

当设计布桩密度较大的工程进行施工沉桩时宜控制日沉桩数量。理论上在饱和软黏土地层施工挤土桩，有防止沉桩挤土产生超静孔隙水压力剧增的方法，将超静孔隙水压力控制在对管桩轻微影响的范围。如沉桩施工时采用尽可能短的时间将施工范围覆盖整个场地，也就是整个场地均参与泄压的作用。当沉桩施工产生的超静孔隙水压力与泄压平衡，就可求得日沉桩的数量，但目前还没有类似的计算公式。常用的方法是根据场地内预设的超静孔隙水压力检测和土的位移及隆起量的检测结果，来确定日沉桩根数，也就是我们常说的信息化施工，可有效防止管桩施工的折裂及已成桩的上抬悬脚影响桩的承载力。

③静压沉桩以抬架控制对桩折裂的影响

静压沉桩在市区施工符合无噪音环保要求而应用普遍，但由于沉桩压重反力不足，而产生抬架。因荷重的不平衡易产生大的水平力，造成管桩的折裂，所以预应管桩宜按最大估算沉桩力乘 1.2 倍的配重，避免抬架。

④不能在沉桩过程校正垂直

在沉桩过程中发现桩的垂直度超过规范要求时，不能在沉桩过程中校正，待桩沉入指定标高接桩时校正垂直度，可减少管桩的折裂。

（3）土方施工中预防管桩偏位而折裂

因预应力管桩在侧向土压力作用下，非常容易产生偏位而使管桩折裂，所以在基槽或基坑土方施工中须特别谨慎，采取有效措施防止管桩偏位。

①采用机械挖土，要留出一定的距离，防止直接挖到桩身而使桩偏位折裂。

②开挖独立基槽或槽坑时，避免在一侧挖方过深，确保桩的两侧挖土高差不超过 1m。

③有地下室的桩基工程，不宜露出开挖深度以上。如因沉桩因素高出开挖深度 1m 以上的桩须作好纪录，待基坑土方开挖时；对高出开挖深度的桩，须小心挖土，避免碰击桩身，并宜在桩四周挖土，避免过大的土压力差将桩推断或折裂。

3. 倾斜折裂预应力管桩的处理

对于折裂倾斜桩一般不宜扶正。如果采用强行顶拉扶正，会使桩全部折断；如果采用在折裂处挖土，在反向施以小力，使桩的倾斜减少，以满足规范要求的垂直度。关键必须知道桩的折裂位置，除低应变动测告知外，也可吊入灯或电子摄像等手段直接检测，一般的加固原则和方法有：

（1）对于Ⅱ类桩原则上不处理。

（2）对于Ⅲ类、Ⅳ类桩，利用管桩空心，用微膨胀钢筋混凝土在裂缝上下各不小于 2m 处浇灌密实。

（3）如果同一承台工程桩均向一侧折裂，则须另外加锚杆桩补强，注意桩的形心与柱的重心重合。

管桩内灌混凝土也不是最有效的方法，因预应力管桩采用离心浇筑，内壁存在低强度的浮浆，很难与新浇的混凝土形成整体。如果微膨胀未发挥作用效果更差，所以只能将管桩空心全部用混凝土灌密实。

（三）评述与建议

1. 预应力管桩在工程应用中可能存在问题，但由于其在建筑工业化生产的方向上功不可没，应用时须因地制宜。

2. 如果预应力管桩除了高强预应力钢筋以外，另加非预应力钢筋可以防止管桩的折裂，而且在地震区尤为重要。

3. 正确了解管桩的折裂原因，采用相应的预防措施，可降低管桩的折裂。

4. 管桩的工程应用须结合上部荷载、地质条件，提高单桩承载力，减少桩数，从而降低布桩密度，而且也可降低造价。

三、地下室上浮后的抗浮加固

（一）地下室上浮的原因

1. 地下室上浮情况概述

近几年发生过地下室上浮的情况，有的工程整体上浮对结构影响不大，有的在大型地下室内有多幢建筑，在广场地下室范围产生局部上浮，对结构影响很大，上浮量达 300 ~ 400mm。此时，地下室顶板呈弧形隆起，板面出现通长渗水性宽裂缝，地下室柱倾斜严重，柱与墙体连接处脱离，上面离缝可达 20 cm 宽，下面与墙紧靠，梁与柱的连接处混凝土碎裂剥落、多处露筋。从上述现象看，这种情况的地下室上浮对结构影响相当大，须立即采取措施使地下室回沉复位。

2. 地下室上浮的原因

地下室上浮一般均发生在工程桩为预应力管桩的地下室，施工期间结构自重加上顶板覆土重小于抗浮力，预应力管桩作为抗拔桩的地下室工程。

（1）工程桩为预应力管桩在沉桩施工中未达到设计高程的高位桩，会产生大量的高位截桩。截桩后管桩与基础的抗拔锚固连接一般采用在管桩内灌入 0.5 ~ 1 m 混凝土，插入钢筋与地下室柱底承台连接。但离心浇筑预应力管桩内表面为低强度浮浆，该连接节点强度达不到，几乎无抗拔强度。

（2）主体结构已经完成，但地下室顶板的复土尚未施工，即封闭地下室底板的后浇带，从而形成"封闭的船体"。当"船体"在贯通的水力通道作用下随水位升高而向上浮起。

（3）天气条件是外因：久雨或大雨情况下使土层浸泡至饱和，随着地下水位升高，水浮力增大而使地下室上浮。

（二）地下室板底钻孔释放水压力当即处理

地下室上浮需当即在地下室板底钻孔释放水压力。如某房产公司的地下室板底共钻 5 个释放孔，钻孔释放水压力的水头高度可达 3m，水头高度缓慢降低，约 24h 达到沿板面流水完全释放，地下室底板通长渗水性宽裂缝也闭合。除梁与柱的连接处混凝土碎裂剥落，多处露筋无法消除外，均又恢复至上浮前的工程情况，但是依旧存在有裂缝痕迹，底板与顶板依旧存在渗水，地下室仍然可能上浮。

但桩的抗拔能力已丧失，只要有足够的水位就可以使地下室整体上浮。消除上浮需增加自重或锚拉力，或者堵塞产生上浮力的水力通道。

增大结构自重，结构自重加上顶板复土重大于抗浮力：因桩的抗拔作用归零，原建筑的结构自重加上顶板复土重小于抗浮力。如在总平面允许的情况下，只有大幅度加厚复土厚度，使结构自重加上顶板复土重大于抗浮力方能稳定，但地下室渗水需采用另外的措施补救。

（三）地下室抗浮加固方案可靠性分析

地下室抗浮加固原理：在地下室底板采用无损伤钻孔结构胶埋管，在管内注入一定量的水泥粉煤灰浆液充填地下室底板下的空隙，阻断水力通道，阻止水进入被加固区，使底板下的浮力消失，从而达到地下室抗浮加固的效果。其可靠性分析如下：

1. 减少浮力分析

产生浮力条件为第一有地面与板底贯通的水力通道，第二有一定高度的水头压力，第三为贯通的水力作用于板底面积范围自重压力小于浮力。水力通道是形成地下室上浮的必要条件，而水头高度与浮力大小成正比，面积大小与总浮力成正比。

2. 底板下淤质软土能否产生固结沉降，能否形成水力通道

底板下淤质软土能否产生固结沉降，在被加固区又产生新的水力通道对板底的浮力，这是最关心的问题？结论是不会的。理由为：①底板下淤质软土是正常固结土，是经年沉积不断固结沉降而成，已达稳定状态。在没有外荷载作用情况下，不会产生新的沉降；如欠固结土是近期沉积的，会产生固结沉降。②底板下淤质软土随基坑土方开挖，按开挖深度计算每平方米

的卸载达 80 kPa。底板下淤质软土会产生回弹，当浮力将地下室上浮时压力对淤质软土产生压缩抵消回弹。③注浆抗浮加固施工过程对底板底产生压力，实测底板上升量为 5 ～ 10 mm，对底板底淤质软土会产生压缩作用。④地下室结构荷载通过柱传递给承台桩，底板下淤质软土不分担结构荷载。正常固结土无荷载就无沉降，相反，桩的沉降对底板下淤质软土又进行压缩及回弹的潜力。

综上所述地下室底板下淤质软土不可能离缝，也不可能引成新的水力通道又对板底产生新的浮力。

3. 假设淤质黏土由何原因产生沉降产生的浮力安全度分析

地下室底板下是淤质黏土，当没有外荷载作用时正常固结土的淤质黏土是不会自行压缩沉降的。假设淤质黏土因某种原因产生沉降，而且整个地下室底板底与淤质黏土脱离，形成新的水力通道。浮力由垫层底作用于地下室，原计算浮力水位至 ±0.000 计算，因浮力作用在垫层底，所以地下室结构自重可包括垫层在内，经注浆加固后也包括注浆层自重，抗浮安全度也可提高，综上分析可知地下室抗浮加固方案是可靠的。

（四）地下室抗浮加固的施工

1. 注浆管埋设

（1）埋管的钻孔深度

埋管的钻孔深度≥底板厚，宜钻透垫层。

（2）注浆管埋设

通常注浆管埋设有两种：一种是底板钻大孔用细石混凝土埋管，钻大孔易切断底板钢筋，也会增加渗水几率；另一种是钻小孔，用结构胶植筋埋设，即能满足防渗要求，如采用植筋胶植管最佳，相对成本较高，注浆管按方格埋设的管距为 3 ～ 4 m 布置在广场地下室范围。

2. 注浆程序

为保证地下室底板底空隙注浆填实，采用中心埋管首注。注浆前中心管圆周注浆管均插入实体钢棒，留出一个开口注浆管，插入实体钢棒是避免中心管注浆时堵塞圆周注浆管，在中心管注浆时至开口注浆管冒浆终止，接着在冒浆管注浆，同时圆周注浆管插入实体棒，留出一根开口管直至冒浆终止。按此程序沿中心管一圈一圈向外扩散，将计划埋管全部注浆完成。中心管首注的浆液量很大，在边缘注浆孔可加大注浆量确保注浆范围填实空隙，因是填空隙注浆，注浆压力很难定量，但地下室底板面会有略微上升，上升量不宜超过 10 mm，注浆施工须对板面上升量随时检测。

其他均按地下室抗浮加固设计施工图及施工说明施工。

（五）结构加固

1. 底板缝注入结构胶填缝并沿板缝板面贴两层条形碳纤维布，其中板底由注浆填实。

2. 顶板缝注入结构胶填缝，顶板顶面、底面沿板缝处贴两层条形碳纤维布。

3. 受损伤柱宜采用包角钢加固。

4. 梁与柱的连接处混凝土碎裂剥落，多处露筋须清理后由强度高一级的混凝土或灌浆料浇筑加固。

第四节 软地基处理与污染耕植土的净化处理

一、真空排水袋装砂井软地基的处理方法

（一）基本原理与适用范围

真空排水袋装砂井软地基处理方法为发明专利。基本原理与适用范围主要应用于以下方面的软地基处理：

深厚软黏土的地基处理应用于海相、湖相沉积，围海吹填淤泥造陆地的深厚软土地基工程；均以黏性土为主。其基本原理如下：真空管埋在袋装砂井的中心，当高真空抽排时，在砂井的过滤作用下，袋装砂井圆周仅允许在高压差作用下析离出的孔隙水经真空管排出，黏土颗粒因砂井的过滤作用而被阻挡在砂井周壁。随着高真空抽排时间的增长，黏土颗粒在砂井周壁持续聚集增厚，排水效率逐渐下降，直至无水可排。其中若真空管采用涂导电膜，可采用电渗工艺施工。因电渗可有效解除黏土颗粒因静电作用使土颗粒周围包裹的水膜结合，在高压差作用下排出，使土体能达到设计要求的固结度。

（二）工艺流程

采用真空排水袋装砂井软地基处理，在软黏性土地基被扰动后成为水土相混的流动土土颗粒由砂井过滤，流动土中自由水在真空高负压作用下泵吸排出，其特点在于：（1）由土工布袋包裹成袋的砂井通过设备埋置在软黏土地基中，其中真空管的下部埋设在砂井中心。（2）砂井顶端的布袋口部沿圆周设置有绑紧圈，该绑紧圈与真空管密封绑紧；砂井的上方设置有密封薄膜，该密封薄膜与真空管之间通过密封圈热压密封。（3）因密封薄膜上部覆盖有软黏性土层，均为无模真空预压。采用以上软黏土地基中埋置土工布袋包裹成袋的砂井并真空管埋设在砂井中心将软黏土中超静孔隙水排出的方法，可获得软黏土的良好密实度与承载能力，从而达到软黏土地基质量稳定可靠，承载力值提高。

（三）技术综合评述

真空排水袋装砂井软地基处理技术可应用于黏性土为主的渗透系数 $\geq 10-7$ 的深厚软土地基处理，可注入清水清洗砂井周壁上附着的黏性土颗粒，清除后又可高效率继续高真空抽排施工；应用本技术又可对污染土壤进行透析性清洗，可用高真空抽排出带有有害离子的孔隙水。

（四）应用

采振动沉管桩机施工。为提高沉管效率，可一排三根同时一次性埋设，埋置深度一般为 8～15m。高真空预压软黏土施工程序如下：

1. 将塑料真空排水管每 2m 套上一片比布袋直径小 10 mm 的十字形塑料定位片插入土工布袋内，在确保真空排水管置于袋装砂井的中心，在土工布袋内灌满砂，直径为 70～100 mm。

2. 按设计方格或梅花点布点位置沉入模钢梁与连接三根钢管对钢管的沉拔，沉管时由混凝土桩靴封口的 $\phi 160～\phi 200$ mm 钢管沉至埋设高程，在 $\phi 160～\phi 200$ mm 钢管内放。真空管袋装砂井，同时在钢管内注满水，振动拔出钢管完成埋设。

3. 用薄膜与软黏土密封；也可在场地内覆盖一定厚度的淤泥浆进行封密（无膜施工），又可增大处理土的自重压力。设置集水管与多个真空管连接并密封，集水管连接平衡筒，平衡筒与真空泵及排水泵连接；当真空泵开动时，在集水管内形成真空，并传递至多个兼作排水的真空管，在真空管内形成强的负压；此时，高压排水泵将软地基的土中孔隙水排出。

4. 高真空抽排施工：高真空抽排时，在高压差作用下析离出的孔隙水由真空管排出，但是黏土颗粒因砂井的过滤作用而阻挡在砂井周壁的厚度增厚，排水效率逐渐下降直至无水可排。当砂井周壁厚度增厚到一定程度时，导致完全丧失排水功能，可采用注入清水清除砂井周壁上附着的黏性土颗粒，清除后继续进行高真空抽排施工，使处理后软地基满足要求的土的固结度。

5. 常规采用 75 kW 真空射流泵施工，1000m² 配置 1 台。采用泥水膜可达到真空密封要求，又起到堆载作用的无膜法施工，软地基处理成本可大幅度下降。

（五）应用拓展：污染土的净化处理

随着城市化发展的进程，原有重污染企业如硫酸硝酸等制酸厂、电镀厂等搬迁后，遗留在土中的酸根与重金属等场地污染土会腐蚀建筑材料，危害人类健康；沿海原有晒盐场与围海吹填造陆地，土中高含量的氯离子等不仅对建筑材料具有腐蚀性，而且盐碱地无法耕种。面临一系列的土壤污染，对污染土进行净化处理很有必要。

面对土壤污染难题，透析式净化污染土的施工工艺的基本原理（软地基处理方法的发明专利）介绍如下：

应用一种真空排水袋装砂井对污染土壤进行透析性清洗。方格式埋设带袋装砂井的真空管，单数列真空抽排在高压差作用下析离出的孔隙水，顺利渗透砂井进入真空管而排出的带有有害离子的孔隙水，双数列可在真空管内注入等量清洁水。过一段时间后袋装砂井外周被黏土颗粒覆盖厚度增厚，高真空抽排效率下降，原单数列变更为注入清洁水清除砂井周壁上附着的黏性土颗粒，原双数列注入清洁水变更为高真空抽排出带有有害离子的孔隙水，视抽排效率情况可交换一次抽水与注水的变更，将土壤中所有的有害离子完全排净，达到土壤净化的要求。

二、农耕污染土壤的净化处理技术

（一）我国污染土壤的概况

1. 耕地污染带来的危害

耕地污染威胁环境安全，如土地污染直接带来土壤中锌（Zn）、铅（Pb）等金属物质增加，土壤性质显著偏离正常背景值，对土壤环境带来破坏。土壤污染导致地表水污染加剧，增加地下和地表径流携带的颗粒物、重金属等污染物负荷，污染面积扩大。此外，土壤污染物还可能通过扩散污染大气环境，通过形态转化积累到植物体等，都对生态环境以及人类健康带来严重危害。

2. 加强污染耕地的综合整治

第一，消除污染源，防治污染体入侵土壤，建立耕地环境质量评价和监测制度，为研究有效对策奠定基础。

第二，通过控制有机肥污染、优化耕作制度、改换作物品种等方式改善土壤结构，增强土壤对农药和重金属的物理、化学吸附和催化水解能力，培育和提高土壤的自净能力。

第三，大力推进土壤污染防治和土壤修复技术在土地综合整治工程中的应用，如化学改良剂、生物改良措施等。

第四，被污染的耕地进行土壤透析治理，排除土壤溶解于水中的污染物。如重金属、酸根渗入土壤的城市的排污以及农药农膜等化学品污染物，通过土壤透析治理将上述污染物透析滤出，使耕地的土壤得到净化。

（二）污染土壤净化的透析清洗的装备与原理

1. 土壤透析的净化基本原理

土壤透析的净化治理，类同尿毒症病人的血液透析，由透析过滤排除血液中的有毒物质，因人类生存中会继续产生有毒物质，必须定期通过透析排除，土壤净化的透析是排除土壤中溶解于水或存在于水中的污染物，如重金属、硫酸或硝酸根，渗入土壤中的城市的排污物，农田中的暂留农药、农膜等化学品，通过土壤透析治理将上述污染物过滤排出，使耕地的土壤得到净化处理。

2. 国内外对污染土壤的治理概况

搜索对农耕土壤治理资料，对于深度污染的土壤采取挖除换土，挖出的深度污染的土壤深埋（污染源并未消除而是污染源的转移）。未发现对污染土的类似对土体清洗消除污染质的处理技术，采用类似血透排除土壤中有害物质是一个创造。

3. 土壤净化的透析治理装备

（1）袋装砂井管的构造

袋装砂井管的构造。袋装砂井为土工布缝袋，袋内装入中粗砂，直径80 ～ 120 mm，主要过滤土颗粒进入；中心为3/4 ～ 1 寸的 PVC 塑料管，管底封口，管的侧边沿管的高度每200 mm 的直径6 mm 的对穿孔，上下孔交叉90° 排列，至离地面2m 管侧为无孔；管的侧边留孔由金属砂布包裹，网格小于砂的粒径，避免砂粒进入管中。

（2）施工机械与装备

采用多功能静压桩机施工，施工装备如图6-34 所示。沿桩机立柱滑移的振动锤，下挂钢横梁与斜撑，格构式横梁将力传给方格间距 S 的并列 4 根 φ200 mm 钢管，管底由预制混凝土桩靴封底，按要求深度沉入土中，分别将袋装砂井置入 φ200 mm 钢管内，并分别注满清水，振动拔出 φ200mm 钢管，完成植入土层的袋装砂井的施工。

（3）系统连接与简介

①管线系统由袋装砂井中的 PVC 塑料管分别连接支管，各列支管分别连接总管。

②高压抽水泵通过管连接总管，另一头管进入污水箱的上方，污水箱的下方设有排污管控制阀门。

③压送泵通过管连接总管，另一头管进入洁净水箱的下方，进水管进洁净水。

（4）土壤净化的施工

①污染土壤以每1000m^2 为一个治理单元，袋装砂井的井管一般按1 m×1m 方格布井，当为渗透性强的地层中，按（1.2 ～ 1.5）m×（1.2 ～ 1.5）m 方格布井，袋装砂井的井管要穿越污染土层与穿越次污染土层，至洁净土

的面层止。

②污染土的勘察应区分污染源的成分与含量，次污染土与洁净土层位与标高，供袋装砂井的埋设与治理效果检测。

③在洁净水箱装满洁净水，可以先由压送泵向地层内压灌少量洁净水后即停止，即起动高压抽水泵将地层内的污染物质随同水一起抽排至污水箱（每次均须检测污染物含量的变化），根据现场压送泵与高压抽水泵的时间设定，自动调整交换起动与停止，注入的是洁净水，抽排出来的是带有窖物质污染水，不断注入洁净水，抽排出来的是带有窖物质污染水，直至满足安全要求的含量方可终止，即完成土壤净化的透析治理。

④洁净水并非单指饮用水，是指江河流水未经上述污染物的水。选用江河水时须经化验分析，符合要求的清洗水再用，为表达方便称为洁净水。

⑤高压抽水泵抽排出来进入污水箱，内装的污染水量大，可进入备用箱，在现场进行无害化处理，或由开启排污口阀门将污水运送到污水处理厂进行无害化处理。

⑥土壤净化的透析治理达到要求后，土壤的肥力严重下降，须在土壤内注入必要的肥力，如注入无土种植液，以后靠土壤休耕自然增肥。

（5）污染土壤埋入袋装砂井管的施工程序

①在埋入袋装砂井管的一列4根的位置预埋混凝土桩靴，钢模管套入混凝土桩靴，校正垂直度。

②振动将套入混凝土桩靴的钢模管沉入土层至要求的高程。

③钢模管内置入袋装砂井管，顶压杆顶压袋装砂井管的中心管顶部，振动上拔钢模管（根据软土地层实测，将重325 mm钢模管套入混凝土桩靴沉入土层12 m，然后空管拔出土层，见到原沉管挤土成孔大部分消失，从桩孔内见到混凝土桩靴迅速上升，见到桩靴下沉管挤土成的桩孔消失，混凝土桩靴离地面5.2m停止，原12m桩孔只有5.2m，为保证袋装砂井管埋设标高位置，须用顶压杆顶压袋装砂井管的中心管的顶部）方能保证袋装砂井管的正确埋设标高。

④振动上拔钢模管全部拔出土层，袋装砂井管按要求深度埋入土层。

4.农耕土壤无害化治理须多专业合作攻关

（1）组建多方合作的农耕土壤净化处理公司

占全国耕地的 1/10 ～ 1/5 为污染土壤，不仅量大而且面广，至今尚未有成熟完整的技术使污染土壤得到净化处理。通过种植在污染耕地中植被通过生物链接被人体吸收，涉及健康与生命，投入农耕污染土壤的净化处理是方向正确的创新型大产业，集中各专业力量和资金是必要的。

（2）各专业协作配合与合作攻关

耕地土壤污染物质的多样性需要化学、环境治理、检测、农学与土壤学、工程施工与装备等多专业的合作方能完成，农耕土壤中含不同污染物质进行无害化治理，对土壤中含污染物质的检测达到洁净土标准，而且对土壤经透析清洗造成土壤肥力下降，需要农科专家指导进行土壤肥力补偿。

（3）创新型产业

经检索未见有成功治理农耕土壤净化处理的技术，工程上遇到必须治理的污染土壤，大都采用挖除换土处理（弃土地又成新的污染源），或搁置弃耕靠时间让土壤的污染物下降。对农耕土的重点主要是消除污染源（主要治理进入土壤的污水与污染气体，与产生污染源的生产厂），对占全国耕地的 1/10 ～ 1/5 为污染土壤竟然束手无策，开展农耕土壤净化处理技术研究与商业开发，不仅是挑战性的创新技术，具有大的市场潜力，这是未来无限大的新型产业，而且是利国利民确保国民健康的产业。

第五章 桩基检测

第一节 单桩静载试验

桩的现场静载试验是国际上公认的获得单桩竖向抗压、抗拔以及水平向承载力的最为可靠的方法。它可获取桩基设计所必需的计算参数，为设计提供合理的单桩承载力，对桩型和桩基持力层进行比较和选择，充分发挥地基抗力与桩身结构强度，使二者合理匹配，以求得到最佳技术经济效果。单桩竖向抗压与抗拔试验，可预先埋设测试元件，测定桩侧摩阻力和桩端阻力，研究桩的荷载传递机理。桩的水平向荷载试验还可确定地基土水平抗力系数，当桩中埋设测试元件时，可测定桩身弯矩分布和桩侧土压力分布，研究土抗力与水平位移关系，为探索更合理的分析计算方法提供依据。

为了确定桩的承载力，人们做了长期的努力，虽然已有许多公式可以利用，但由于种种因素的约束，难以有任何两个公式会给出相同的计算结果，这就经常困扰着设计人员。地基土的类别和性质、桩的几何特性、荷载性质、桩的材料性质、施工工艺质量和可靠性等都会影响桩的承载力。因此桩的静载试验就显得十分重要，它是确定桩的承载力的可靠依据，也是客观评价桩的变形和破坏性状的依据。

一、单桩竖向抗压静载试验

（一）目的、意义、适用范围

竖向抗压静载试验，常被用来确定单桩竖向抗压极限承载力，作为设计的依据。通过现场足尺静载试验，可得到试桩的荷载沉降曲线即 $Q \sim s$ 曲线。它是桩破坏机理和破坏模式的宏观反映，静载试验过程中所获取的每级荷载作用下桩顶沉降随时间的变化曲线，有助于对试验成果的分析。当桩底和桩身埋设有应力、应变测试元件时前，直接测定桩周各土层的极限侧阻力和极限端阻力，以及桩端的残余变形等参数，进而探讨桩的设置方式、地层剖面、土的类别等因素对单桩荷载传递规律的影响以及桩端阻力与其上侧摩阻力的相互作用。利用静载试验还可对工程桩的承载力进行抽样检验和评价。

《建筑基桩检测技术规范》（以下未加特别说明的规定均指本规范）对单桩竖向抗压静载试验的适用范围作如下规定：

①方法适用于检测单桩的竖向抗压承载力。

②埋设有测量桩身应力、应变、桩底反力的传感器或位移杆时，可测定桩分层侧阻力和端阻力或桩身截面的位移量。

③为设计提供依据的试验桩，应加载至破坏；当桩的承载力以桩身强度控制时，可按设计要求的加载量进行。

④对工程桩抽样检测时，加载量不应小于设计要求的单桩承载力特征值的 2.0 倍。

（二）试验加载装置

试验加载装置一般采用油压千斤顶，可用单台或多台同型号千斤顶并联加载，当采用多台千斤顶加载时，千斤顶应严格进行几何尺寸对中，并将千斤顶并联同步工作，千斤顶的上下部位需设置有足够强度和刚度的垫箱，并使千斤顶的合力通过试桩中心。加载反力装置可根据现场实际条件来选取。

1. 压重平台反力装置

采用此方案时，压重重量不得少于预估试桩破坏荷载的 1.2 倍，压重应在试验前一次加上，并均匀稳固放置于平台上。压重可用钢锭、混凝土块、袋装砂或水箱等。在用袋装砂或袋装土、碎石等作为压重物时，在安装过程中须作技术处理，以防鼓凸倒塌。高吨位试桩时，要注意大量压重将引起的地面下沉，应对基准桩进行沉降观测。除了对钢梁进行强度和刚度计算外，还应对压重的支承力进行验算，以防压重平台出现较大的不均匀沉降。压重法的优点是对工程桩能随机抽样检测。

在常规袋装砂反力架装置基础上发展的"伞形架"反力装置，能较好地解决荷载平衡问题，可以省去主梁，降低试验的重心，从而保证了检测的安全。

近年来，常用的袋装砂压重平台显示出了它的弱点。主要是速度慢、安全性低，而且因砂含水率的多少各异，重量的估算也比较麻烦。随着城市建设文明、安全施工的要求与日俱增，选用预制混凝土块，采用机械安装，逐渐成为压重平台法的主流。而采用预制混凝土块，如果桩面与地面基本持平或较高时，因安置千斤顶的要求，主梁距离地面也较高，用作垫高主梁的预制混凝土块也较多，混凝土块的容重较大，这部分重量浪费比较可惜。推荐一种"扁担梁"反力装置，其特点是：节约成本、降低重心、提高了安全性。具体的做法是：将用作垫高的预制混凝土块用拉杆和螺栓与主梁连接，从而在千斤顶担起主梁时，主梁又提着两边的垫块。

2. 锚桩反力装置

（1）锚桩反力装置的组成及优点

装置利用主梁与次梁组成反力架，该装置将千斤顶的反力（后坐力）传给锚桩。锚桩与反力梁装置能提供的反力应不小于预估最大试验荷载的1.2倍。采用工程桩作锚桩时，锚桩数量不应少于4根，并应监测锚桩上拔量。为使试桩获得最大单桩承载力，常用6～8根。

对于预制桩作锚桩，要注意接头的连接。对于灌注桩作锚桩，钢筋笼要通长配置。锚桩要按抗拔桩的有关规定计算确定，在试验过程中对锚桩上拔量进行监测，通常不宜大于7～10mm。试验前对钢梁进行强度和刚度验算，并对锚桩的拉筋进行强度验算。除了工程桩当锚桩外，也可用地锚的办法。小吨位基桩和复合地基试验，小巧易用的地锚就显示出了工程上的便捷性，这种装置小巧轻便、安装简单、成本较低。地锚根据螺旋钻受力方向的不同可分为斜拉式（也即伞式）和竖直式，斜拉式中的螺旋钻受土的竖向阻力和水平阻力，竖直式中的螺旋钻只受土的竖向阻力。地锚提供反力的大小由螺旋钻叶片大小和地层土质有关。

对交通水运和路桥行业，很多钢筋混凝土桩、钢管桩或大直径灌注桩设置于水域中，它们的荷载试验通常采用锚桩法。在水域进行静载荷试验必须搭设牢固的工作平台。平台不得与试验桩和基准桩相连接，平台标高应满足不受水位和风浪等影响。平台应设置必要的护栏、人行爬梯、安全标志和信号灯等。压桩、拔桩的加载和反力装置均需采用特制的专用设备，加载能力应取预计最大试验荷载的 1.3 ~ 1.5 倍。

（2）锚桩反力装置的不足之处

采用锚桩横梁反力装置的不足之处是进行大吨位试验时无法随机抽样。小吨位（1000kN 以内）试验时，地锚反力装置比较适用，但同样也存在荷载不易对中、油压会产生过冲的问题，且在试验过程中一旦拔出地锚，试验将无法继续下去。不少单位使用地锚进行复合地基试验，但在试验过程中地锚对复合地基土产生扰动的问题，应引起足够的重视。

3. 锚桩压重联合反力装置

当试验最大加载量超过锚桩的抗拔能力时，可在锚桩上和横梁上放置或悬挂一定重物，由锚桩和重物共同承受千斤顶加载反力。

选用此方案的过程：由于试验荷载要求较大，锚桩上拔量控制较严，锚桩不足以提供试验所需反力；而如果只使用承重平台作为反力，由于试验荷载较大，配重物运输和装卸都很困难。所以选择在次梁上面搭建承重平台，使其联合作为反力装置，这样就可以很好地解决上面两种装置的不足，使试验得以快速顺利地完成，而且可以大大节省试验费用。

（三）量测仪表及测试元件

1. 荷载量测

荷载量测可用放置在千斤顶上的荷重传感器直接测定；或采用并联于千斤顶油路的压力表或压力传感器测定油压，根据千斤顶率定曲线换算荷载。传感器的测量误差不应大于 1%，压力表精度应等于或优于 0.4 级。试验用千斤顶、油泵、油管在最大加载时的压力不应超过额定工作压力的 80%。千斤顶应定期进行系统标定，并进行主动与被动标定。也可用放置于千斤顶上的应力环或压力传感器直接同时测定荷载，实行双控校正。应力环或压力传感器也应定期进行标定。

2. 沉降量测

沉降量测宜采用位移传感器或大量程百分表，并应符合下列规定。

①测量误差不大于 0.1%FS，分辨力等于或优于 0.01mm。

②直径或边宽大于 500mm 的桩，应在其两个方向上对称安置 4 个位移测试仪表，直径或边宽小于等于 500mm 的桩可对称安置 2 个位移测试仪表。

③沉降测定平面宜在桩顶 200mm 以下位置，测点应牢固地固定于桩身。

④基准梁应具有一定的刚度，通常采用型钢，梁的一端应固定在基准桩上，另一端应简支于基准桩上。将工程桩作为基准桩最为理想。当采用压重平台反力装置时，对其基准桩应进行监测，以防堆载引起地面下沉而影响测读精度。

⑤固定和支撑位移计（百分表）的夹具及基准梁应避免气温、振动及其他外界因素的影响。

⑥为准确测读沉降，试桩、锚桩（压重平台支墩边）和基准桩之间的中心距离应符合表 7-1 规定。即使符合表 7-1 标准，客观上试桩、锚桩、压重平台支墩还是对基准桩有影响的，影响与它们的尺寸及试验荷载有关，对大吨位堆载支墩出现明显下沉的情况下，一个简易的办法就是在较远处用水准仪观测基准桩的竖向位移，而后对桩的沉降量进行修正。

为了保证试验安全起见，特别当试验加载临近破坏时，应遥控测读沉降，即采用电子位移计或遥控摄像机测读。

表 7-1 试桩、锚桩（或压重平台支墩边）和基准桩之间的中心距离

反力装置	试桩中心与锚桩中心的距离（或压重平台支墩边）	试桩中心与基准桩中心的距离	基准桩中心与锚桩中心的距离（或压重平台支墩边）
锚桩横梁压重平台地锚装置	$\geq 4（3）D$ 且 $> 2.0m \geq 4 D$ 且 $> 2.0m \geq 4 D$ 且 $> 2.0m$	$\geq 4（3）D$ 且 $> 2.0m \geq 4（3）D$ 且 $> 2.0m \geq 4（3）D$ 且 $> 2.0m$	$\geq 4（3）D$ 且 $> 2.0m \geq 4 D$ 且 $> 2.0m \geq 4 D$ 且 $> 2.0m$

注：1. D 为试桩、锚桩或地锚的设计直径或边宽，取其较大者。

2. 如试桩或锚桩为扩底桩或多支盘桩时，试桩与锚桩的中心距不应小于 2 倍扩大端直径。

3. 括号内的数值可用于工程桩验收检测时多排桩基础设计桩中心距离小于 4 D 的情况。

锚桩应以试验桩为中心对称布置。试验桩与锚桩、基准桩的中心距不应小于 4 倍桩径或桩宽，且不应小于 2m；基准桩与锚桩的中心距不应小于 3 倍桩径或桩宽。对桩端进入良好持力层且桩径大于或等于 1.2m 的大直径试验桩，其与锚桩、基准桩的中心距不应小于 3 倍桩径。

3. 桩身内埋设传感器

当需要测试桩侧阻力和桩端阻力时，桩身内需埋设传感器，国内较多的是采用电阻应变式钢筋计。通常制作的方法如下，将一根长约 1m 的 ϕ 20 的钢筋，中间部位加工成 ϕ 18 长 10cm。选用 3×4mm 的应变片，按有关技术标准，用 502 高强快干胶粘贴，应变片可接成半桥或全桥式，用优质多芯屏蔽电缆线引出并做好防潮绝缘处理，制作好的电阻应变式钢筋计需进行标定，然后放置于待测截面的钢筋笼上，每个截面等分安放 3 个或 2 个钢筋计，目前这种测试元件成活率可达 90% 以上。在材料试验机上进行的标定，因其工作条件与实际测量有很大区别，实际上并不用做应力计算，主要是对该钢筋计的可用性进行判定。此外，在桩身预埋金属管和测杆（沉降杆），可直接测定桩端下沉量。沉降杆是一种内外管的形式，外管埋设固定在桩身内，内管要有一定的刚度，其顶端高于外管 100 ～ 200mm，底端固定在需测试的平面上，而且要求内管能与固定测试面同步位移。内管沉降即是测试面的沉降，由百分表测得。如果针对不同桩身截面设置多个沉降管，就可以同时测得这些桩身截面的位移，从而了解桩身压缩变形的情况。

最新的数码埋入应变传感器是采用磁感位置编码技术研制而成的一种新型应变计。其支座与微动测头采用磁性恒力吸附技术，任意姿势均不受重力影响，无蠕变。它无需接二次仪表，直接以数码方式将测量值传送给专门配置的数显表或计算机显示。此种数码埋入应变计灵敏度高，线性好，性能稳定，抗干扰能力强，安装更加方便，随着成本的降低，相信此种应变计会得以更加广泛地运用。

（四）试桩制作、量测元件埋设及试桩间歇时间

1. 试桩制作

试桩制作应与工程桩的成桩工艺及质量控制标准相一致。为了缩短试桩养护时间，混凝土强度等级可适当提高，或掺入早强剂，试桩顶部应加强。对于预制桩，若桩顶未破损，可不作处理。如果因沉桩困难，桩底未达设计标高，则在砍桩后需作处理，否则因砍桩产生的微小裂缝在试桩过程中会引起桩头爆裂，以致试桩被迫中止。对于灌注桩，其桩顶要凿除浮浆，直到混凝土强度等级达到设计要求。一般试桩桩顶加强可在桩顶配置加密钢筋网

2～3层，或以薄钢板圆筒做成加劲箍与桩顶混凝土浇成整体，再用高强度等级砂浆将桩顶抹平。为安置沉降测点和仪表，试桩顶部露出试坑地面的高度不宜小于600mm，试桩地面宜与桩承台底设计标高一致。

试验桩和锚桩的桩顶偏位不应大于100mm，试验桩纵轴线倾斜度不应大于1/200，锚桩纵轴线倾斜度不应大于1/100。试验桩的数量：总桩数在500根以下时，试桩不应少于2根；总桩数每增加500根，宜增加1根试桩；如地质条件复杂，桩的类型较多或其他原因，可按地区性经對酌情增减。在离试验桩3～10m范围内必须有钻孔。试验不应在大风大浪等气象、水文条件恶劣时进行。试验期间，距离试桩50m范围内不得进行打桩作业，并应避免各种振动影响，严禁船舶碰撞试验平台。

2.量测元件埋设

桩基内力测试采用电阻应变式传感器，传感器埋设位置基本上在各主要土层的分界面上，以量测基桩在各土层分界面处的轴力。传感器标定的断面设在桩顶下1.5～2.0m处，在标定断面上设置4个电阻应变式钢筋计，其余各断面设置2～3个钢筋计，最后一个断面的位置距桩底为0.5m。

应变式传感器采用半桥或全桥电路形式制作，传感器的测量片和补偿片选用同一规格、同一批号的产品，按轴向、横向准确地粘贴在钢筋同一断面上。测点的连接采用屏蔽电缆，导线对地绝缘电阻均大于500MΩ。电阻应变计及其连接电缆均有可靠的防潮绝缘防护措施，正式试验前电阻应变计及电缆的系统绝缘电阻均大于200MΩ。

电阻应变采用电阻应变仪测读。测试数据整理时应按下式对实测应变值进行导线电阻修正：

$$\varepsilon = \varepsilon'\left(1 + \frac{r}{R}\right)$$

式中：ε——修正后的应变值；

ε'——修正前的应变值；

r——导线电阻（Ω）；

R——应变计电阻（Ω）。

在灌注桩中，电阻应变式钢筋计应在浇筑混凝土前设置在待测面上及标定断面上，一般是焊接在主筋上，并满足规范对钢筋锚固长度的要求，固定后的电阻应变式钢筋计不得有附加应力（包括不得有弯曲变形）。然后，随钢筋笼下放到孔内，进行二次清渣及用导管浇筑混凝土。

在 PHC 桩中，由于电阻应变式传感器对绝缘要求非常高，若在 PHC 桩桩身预应力筋上安装电阻应变式钢筋计，在管桩制作过程中，预应力钢筋的预应力值在不断损失变化，且成桩工艺需进行高速离心旋转和高压蒸养等复杂工序，很难保证电阻应变式传感器的成活率。

基于变形协调原理，在管桩空芯中埋设电阻应变式传感器钢筋计，采用原厂生产使用的水泥和粗细集料，配合比为 C40 的细石混凝土，将管桩内芯填实，亦能准确测量桩身的轴向应变。

3. 试桩间歇时间

试桩从成桩到开始试验的间歇时间，在桩身混凝土强度等级达到设计要求的情况下，对于砂类土，不应少于 7d；对于粉土不应少于 10d；对于非饱和黏性土不应少于 15d，对于饱和黏性土，不应少于 25d。这是因为打桩过程对土体有扰动，所以试桩必须待桩周土体的强度恢复后方可开始。

试验桩在沉桩后到进行加载的间歇时间，对黏性土不应少于 14d；对砂土不应少于 3d，对水冲沉桩不应少于 28d。当试桩需要进行复压或上拔试验时，已试验过的桩宜间歇 72h 以上，使桩周土体得以恢复。不宜利用工程桩作上拔载荷试验。先进行垂直静载荷试验，再进行水平静载荷试验时，两次试验之间的间歇的时间不宜小于 48h。

（五）试验加载方式

1. 慢速维持荷载法

此法是国内外常用的一种方法，试验时，按一定要求将荷载分级，逐级加载，每级荷载下桩顶沉降达到某一规定的相对稳定标准，再加下一级荷载，直到破坏，或达到规定的终止试验条件时，停止加载，然后分级卸载到零。

2. 快速维持荷载法

试验时，桩顶沉降观测不要求相对稳定，而以等时间间隔连续加载。一般采用 1h 加一级荷载，每级荷载下，快速维持荷载法的沉降量要小于慢速维持荷载法的沉降量，一般偏小 5% ~ 10%。因而快速维持荷载法得出的极限承载力比慢速法高，其值高 10% 左右。但用此法可以缩短试桩周期。

3. 等贯入速率法

试验时保持桩顶沉降量等速率贯入土中，连续施加荷载，按荷载一沉降曲线确定极限荷载。对黏性土贯入速率一般为 0.25 ~ 1.25mm/min；对砂性土贯入速率一般为 0.75 ~ 2.5mm/min。试验一般进行到累计贯入量 50 ~ 75mm 或至少等于平均桩径的 15%，也可以加到设计荷载的 3 倍或试桩反力系统的最大能力'试验在 1 ~ 3h 就可完成。

4. 循环加载卸载法

此法在国外用得比较多，通过试验能测得循环荷载的残余下沉量和弹性变形。在慢速维持荷载法中以部分荷载进行加载、卸载循环，有的对每一级荷载达到相对稳定后重复加、卸载，有的以快速法为基础对每一级荷载进行重复加、卸载循环。

其他试验方法还有等时间间隔法和控制下沉量法等。

以上方法中，当需要为设计提供依据的竖向抗压静载试验成果时一般应采用慢速维持荷载法。

试验方法可采用快速维持荷载法（快速法）或慢速维持荷载法（慢速法），外海宜优先采用快速法。在载荷试验中若需测定桩的轴向反力系数 K（单位轴向力作用下的桩顶下沉量）时，应在永久荷载标准值到永久荷载与可变荷载标准值的组合值之间，至少往复加、卸载 3 次，取趋于稳定的一次循环的首尾点进行计算。

（六）慢速维持荷载法操作标准

1. 加、卸载分级

每级加载为预估极限荷载的 1/15 ~ 1/10，第一级可按 2 倍分级荷载加载。但在最后一级加载或在试验过程中有迹象表明可能会提前出现临界破坏时的那一级荷载，可分为 2 ~ 3 次加载，这对于判定极限承载力的精度是有帮助的。每级卸载值为每级加载值的 2 倍。

2. 测读时间及稳定标准

①每级荷载施加后按第 5、15、30、45、60min 测读桩顶沉降量，以后每隔 30min 测读一次。

②试桩沉降相对稳定标准：每小时内的桩顶沉降量不超过 0.1mm，并连续出现两次（从每级荷载施加后第 30min 开始，由三次或三次以上每 30min 的沉降观测值计算）。

③当桩顶沉降速率达到相对稳定标准时，再施加下一级荷载。

④卸载时，每级荷载维持 1h，按第 15、30、60min 测读桩顶沉降量；卸载至零后，应测读桩顶残余沉降量，维持时间为 3h，测读时间为 15、30min，以后每隔 30min 测读一次。

3. 终止加载条件

当出现下列情况之一时，即可终止加载。

①某级荷载作用下，桩顶沉降量大于前一级荷载作用下沉降量的 5 倍。注意，当桩顶沉降能稳定且总沉降量小于 40mm 时，宜加载至桩顶总沉降量超过 40mm。

②某级荷载作用下，桩顶沉降量大于前一级荷载作用下沉降量的 2 倍，且经 24h 尚未达到稳定标准。

③已达到设计要求的最大加载量。

④当工程桩作锚桩时，锚桩上拔量已达到允许值。

⑤当荷载—沉降曲线呈缓变形时，可加载至桩顶总沉降量 60 ~ 80mm；在特殊情况下，可根据具体要求加载至桩顶累计沉降量超过 80mm。

（七）试验报告整理

检测报告应当包含以下几部分。

1. 概况

要写明委托单位、工程名称、试验地点、试验时间、工程概况、上部结构、基础形式、桩型、桩径、桩长、桩身材料、持力层、施工记录、设计要求、设计、勘察、施工单位，成桩和试验过程中出现的异常情况等。

2. 试验结果汇总表及 $Q \sim s$ 曲线

将现场试验记录表结果整理成汇总表形式，绘制竖向荷载—沉降（$Q \sim s$）曲线，并要绘制试桩平面位置图和试桩地质剖面柱状图。

3. 单桩竖向极限承载力

①为了确定单桩竖向极限承载力，应绘制竖向荷载—沉降（$Q \sim s$）、沉降—时间对数（$s \sim \lg t$）曲线，需要时也可绘制其他辅助分析所需曲线。

②单桩竖向抗压极限承载力 Q_u，可按下列方法综合分析确定。

a. 根据沉降随荷载变化的特征确定：对于陡降型 $Q \sim s$ 曲线，取其发生明显陡降的起始点对应的荷载值。

b. 根据沉降随时间变化的特征确定：取 $s \sim \lg t$ 曲线尾部出现明显向下弯曲的前一级荷载值。

c. 某级荷载作用下，出现桩顶沉降量大于前一级荷载作用下沉降量的 2 倍，且经 24h 尚未达到稳定标准，则取前一级荷载值。

d. 对于缓变型 $Q \sim s$ 曲线可根据沉降量确定，宜取 s =40mm 对应的荷载值；当桩长大于 40m 时，宜考虑桩身弹性压缩量；对直径大于或等于 800mm 的桩，可取 s =0.05 D（D 为桩端直径）对应的荷载值。

4. 单桩竖向抗压极限承载力统计值（仅在需要时提供）

单桩竖向抗压极限承载力统计值的确定应符合下列规定。

①参加统计的试桩结果，当满足其极差不超过平均值的 30% 时，取其平均值为单桩竖向抗压极限承载力。

②当极差超过平均值的 30% 时，应分析极差过大的原因，结合工程具体情况综合确定，必要时可增加试桩数量。

③对桩数为 3 根或 3 根以下的柱下承台，或工程桩抽检数量小于 3 根时，应取低值。

5. 单桩竖向抗压承载力特征值 R_a（仅在需要时提供）

单位工程同一条件下的单桩竖向抗压承载力特征值 R 应按单桩竖向抗压极限承载力统计值的一半取值。

6. 不同土层的分层侧摩阻力和端阻力值（仅在进行分层摩阻力测试时）

应整理出有关数据的记录表，并绘制桩身轴力分布图、计算不同土层的分层侧摩阻力和端阻力值。详细的计算及步骤见实例，以下是计算的公式及方法。

（1）桩身钢筋混凝土应力、应变关系

事实上，钢筋混凝土的轴向应力和应变关系并非线性，不宜用试验机测得的应力应变关系进行计算。因此，采用由试验实测各级荷载下标定断面的轴向应变值和对应的应力计算值，得出各试桩标定断面钢筋混凝土的轴向应力和应变关系。经回归分析表明，二次方程就可以精确地表达应力应变之间的非线性关系，方程形式为：

$$\sigma = a_0 + a_1\varepsilon + a_2\varepsilon^2$$

（2）桩身轴力计算

根据预埋钢筋计实测的应变数据，以下式计算各测量截面的轴力：

$$Q_{ij} = A\sigma(\varepsilon_{ij})$$

式中：Q_{ij}——第 i 截面在第 j 级荷下的轴力（kN）；

ε_{ij}——第 i 截面在第 j 级荷下的轴向应变；

A——桩身平均横截面积（m2）。

（3）桩侧平均摩阻力

在试验中，钢筋计都是被有意识地安装在各土层的分界面上，因此根据上述的轴力计算值，各土层的平均摩阻力可按下式计算：

$$q_{si} = \frac{Q_i - Q_{i-1}}{uL_i}$$

式中：u——桩身周长（m）；

L_i——第 i 断面和第 i+1 断面之间的桩长（m）。

（4）桩端承载力系数

由桩端轴力除以桩横截面积即可得桩端承载力系数，公式如下：

$$q_p = \frac{Q_n}{A_0}$$

式中：Q_n——桩端轴向力（kN）；

A_0——桩端面积（m^2）。

（5）应变实测截面位移

桩身各应变实测截面的位移s_j按下式计算：

$$s_j = s_0 - \sum_{i=1}^{j} \frac{L_i}{2}\left(\varepsilon_i + \varepsilon_{i+1}\right)$$

式中：s_0——桩顶位移实测值（mm）；

L_i——第i断面和第$i+1$断面之间的桩长（m）。

若进行此项测试，报告中还应有传感器类型、安装位置、轴力计算方法，各级荷载作用下桩身轴力变化曲线，各土层的桩侧极限摩阻力和桩端阻力。

二、单桩竖向抗拔静载试验

（一）目的、意义

高层建筑的基础及高耸水塔的桩基、发射塔的锚缆、输电线塔杆的基础，以及许多工业设备装置都要求承受上拔力。在估算单桩抗拔承载力时，有学者提出其单位侧阻力对于黏性土一般取受压荷载下的值，对于非黏性土则取受压荷载下的70%（即抗拔系数λ）。对于一级建筑物，基桩的抗拔极限承载力标准值应通过现场单桩抗拔静载试验确定。对于二、三级建筑物，在计算基桩抗拔极限承载力标准值时，其抗拔系数λ值对于砂土取0.5～0.7，对于黏性土和粉土取0.7～0.8，其长径比小于20时取小值。通过试验，为工程设计和保证质量进一步提供数据。

（二）试验加载装置

一般采用油压千斤顶加载，千斤顶的加载反力装置可根据现场情况而定，尽量利用工程桩为支座反力，图7-1为一种抗拔试验装置的示意图。工程桩数量要足以提供所需反力。

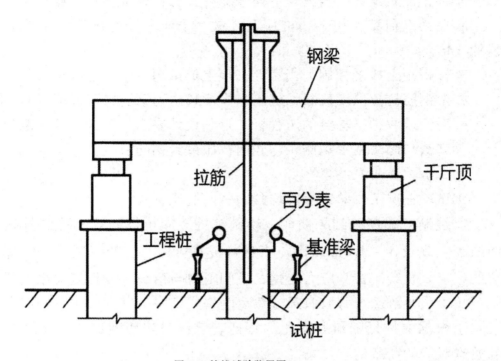

图7-1 抗拔试验装置图

（三）荷载与上拔量测仪表

拔力荷载可用置放在千斤顶上的应力环或应变式压力传感器测定，也可用连于千斤顶的高精度压力表测定，根据标定曲线换算荷载。千斤顶、应力环、压力传感器和压力表均要定期标定，液压系统应配有稳压装置。试桩上拔变形一般米用大量程百分表测量，布置方法与竖向抗压试验相同。

（四）试验加载方式

一般采用慢速维持荷载法，有时结合实际工程桩的荷载特性，也可采用多循环加、卸载法。此外，还有等时间间隔加载法，等速率上拔量加载法以及快速加载法等。

（五）慢速维持荷载法的操作标准

①加载分级。与竖向抗压试验相同。

②变形观测。测读时间与竖向抗压试验相同，并记录桩身外露部分裂缝开展情况。

③变形相对稳定标准。与竖向抗压试验相同。

④终止加载条件。当出现下列情况之一时，即可终止加载。

a. 在某级荷载作用下，桩顶上拔量大于前一级上拔荷载作用下的上拔量的 5 倍。

b. 按桩顶上拔量控制，当累计桩顶上拔量超过 100mm 时。

c. 按钢筋抗拉强度控制，桩顶上拔荷载达到钢筋抗拉强度的 0.9 倍。

d. 对于验收抽样检测的工程桩，达到设计要求的最大上拔荷载值。

⑤卸载与卸载变形观测。与竖向抗压试验相同。

（六）试验成果整理

①试验概况及试验记录。均参照竖向抗压试验。

②绘制有关试验结果曲线。绘制单桩竖向抗拔静载试验的荷载—变形曲线 $U \sim \delta$ 及 $\delta \sim \lg t$ 曲线图，当进行桩身应力、应变测试时，应整理出有关的记录表及绘制桩身应力变化、桩侧阻力与荷载–变形等关系曲线。

（七）单桩竖向抗拔极限承载力判定

①根据上拔量随荷载变化的特征确定：对陡变型 $U \sim \delta$ 曲线，取陡升起始点对应的荷载值。

②根据上拔量随时间变化的特征确定：取 $\delta \sim \lg t$ 曲线斜率明显变陡或曲线尾部明显弯曲的前一级荷载值。

③当某级荷载下抗拔钢筋断裂时，取其前一级荷载为该桩的抗拔极限承载力值。

三、单桩水平静载试验

（一）目的、意义

在水平荷载作用下的单桩静载试验常用来确定单桩的水平承载力和地基土水平抗力系数的比例系数值或对工程桩的水平承载力进行检验和评价。当埋设有桩身应力测量元件时，可测定出桩身应力变化，并由此求得桩身弯矩分布。水平荷载有多种形式，如制动力、波浪力、风力、地震力和船舶撞击力等产生的水平力和弯矩，这些水平荷载都有其特殊性质，它们对桩的作用有专门的分析计算方法。水平受力桩通常有四种分析计算方法，即地基反力系数法、弹性理论法、有限元法和极限平衡法。按是否随水平位移而变化，地基反力系数法又分为非线性（如 $P \sim y$ 曲线法）和线性两种方法。目前我国工程实践中常用的地基反力系数法是指后者，并假定地基抗力系数沿深度呈线性增长，即 m 法。对于受水平荷载较大的一级建筑桩基，单桩的水平承载力设计值应通过单桩静力水平荷载试验确定。

（二）试验加载设备与仪表装置

1. 试验加载设备

采用卧式千斤顶施加水平力，用测力环或测力传感器测定施加的荷载值，千斤顶与试桩之间须安置一球形铰座，以使千斤顶对试桩的施力点位置在试验过程中保持不变。反力装置应充分利用现场具体条件选用，最常用的方法是两根试桩对顶，也可利用周围现有结构物作为反力装置，必要时可专门浇筑反力支座。

2. 试验所用仪表装置

桩的水平位移宜采用大量程百分表测量，每一试桩在力作用点处的断面及其上 50cm 左右各安装 1 ~ 2 只百分表，下表测量在地面处的桩水平位移，根据上下表位移差与表间距离的比值，可求得地面以上桩的转角。基准桩宜打设在试桩影响范围以外，与试桩的净距不少于 1 倍试桩直径。搁置在基准桩上的基准梁要有一定的刚度，采取简支形式。

试验设备的加载能力应取预计最大试验荷载的 1.3 ~ 1.5 倍；试验桩周边至平台间预留的空档位置不应小于预计的最大位移。采用对顶法时，其净距不应小于 6 倍桩径，基准桩应稳固可靠，不受试验和其他影响，其与试验桩或反力结构的净距不宜小于 6 倍桩径。测力装置应设球支座，位移测试精度不宜小于 0.02mm。

在离试验桩 3 ~ 10m 范围内必须有钻孔。在地表以下 16 倍桩径深度范围内，每隔 1m 均应有土样的物理力学试验，16 倍桩径以下的深度其间距可适当放大。有条件时可进行现场十字板、静力触探或旁压试验。

（二）试验加载方法

可采用单向多循环加、卸载法，对于受长期水平荷载的桩基也可采用慢速维持荷载法，其稳定标准可参照竖向静载试验的要求。单向多循环加、卸载法按下列规定进行。

1. 荷载分级

取预估水平极限承载力的 1/15 ～ 1/10 作为每级荷载的加载增量。根据桩径大小并适当考虑土层软硬，对于直径 300 ～ 1000mm 的桩，每级荷载增量可取 2.5 ～ 20kN。

2. 加载程序与位移观测

每级荷载施加后，恒载 4min 测读水平位移，然后卸载至零，停 2min 测读残余水平位移，至此完成一个加、卸载循环，如此循环 5 次便完成一级荷载的试验观测。加载时间应尽量缩短，测量位移的间隔时间应严格准确，试验不得中途停歇。

3. 终止试验的条件

当桩身折断或水平位移超过 30 ～ 40mm（软土取 40mm）时，可终止试验。

采用单向单循环水平维持荷载法，根据设计要求也可采用多循环等其他水平荷载试验方法。加载时每级级差可取预计最大荷载的 1/10，卸载时可取 2 倍加载级。加载每级维持 20min，卸载每级维持 10min。从 0 开始，每隔 5min 测读一次，直到到达维持时间为止。测读数据应现场记录、整理和汇总。试验终止加载条件为：在某级荷载下，横向变形急剧增加、变形速率明显加快、地基土出现明显的斜裂缝、达到试验要求的最大荷载或最大位移。

（三）试验成果整理

1. 试验概况

委托单位、工程名称、试验地点、时间、工程概况、结构、基础形式、桩型、桩径、桩长、桩身材料、持力层、施工记录、设计要求，设计、勘察、施工单位，成桩和试验过程中出现的异常情况等都要一一加以说明，并要绘制试桩平面位置图和试桩地质剖面柱状图。

2. 绘制有关试验成果曲线

一般应绘制水平力—时间—位移（$H_0 \sim t \sim X_0$）、水平力—位移梯度（$H_0 \sim \ddot{A}X_0 / \ddot{A}H_0$ 或水平力—位移双对数（$\lg H_0 \sim \lg X_0$）曲线，当测量桩身应力时，尚应绘制应力沿桩身分布和水平力—最大弯矩截面钢筋应力（H_0

$\sim \sigma_g$)等曲线。

试验结束后应绘制荷载一变形（$H \sim Y$）曲线，荷载时间－变形（$H \sim z \sim Y$）曲线、荷载一水平地基反力系数（$H \sim k_N$）曲线和荷载—地基土水平向反力系数随深度增长的比例系数（$H \sim m$）曲线。对于埋设量测装置的试桩应绘制桩身弯矩分布曲线，桩顶或泥面处倾斜角度变化曲线等；根据实测变形和桩身弯矩，计算并绘制桩身挠曲及桩侧土抗力与变形关系曲线簇（$P \sim Y$ 曲线）。

（四）单桩水平临界荷载

单桩水平临界荷载（桩身受拉区混凝土明显退出工作前的最大荷载）按下列方法综合确定：

①取单向多循环加载法时的 $H_0 \sim t \sim X_0$ 曲线或慢速维持荷载法时的 $H \sim X_0$ 曲线出现拐点的前一级水平荷载值。

②取 $H_0 \sim \ddot{A}X_0 / \ddot{A}H_0$ 曲线或 $\lg H_0 \sim \lg X_0$，曲线上第一拐点对应的水平荷载值。

③取 $H_0 \sim \sigma_g$ 曲线第一拐点对应的水平荷载值。

（五）单桩水平极限荷载

可根据下列方法综合确定：

①取单向多循环加载法时的 $H_0 \sim t \sim X_0$ 曲线或慢速维持荷载法时的 $H_0 \sim X_0$ 曲线产生明显陡降的起始点对应的水平荷载值。

②取慢速维持荷载法时的 $X_0 \sim \lg t$ 曲线尾部出现明显弯曲的前一级水平荷载值。

③取 $H_0 \sim \ddot{A}X_0 / \ddot{A}H_0$ 曲线或 $\lg H_0 \sim \lg X_0$ 曲线上第二拐点对应的水平荷载值。

④取桩身折断或受拉钢筋屈服时的前一级水平荷载值。

试桩水平极限承载力应根据 $H \sim Y$ 曲线上第二折点前一级荷载或 $\lg H \sim \lg Y$ 曲线上第二折点（钢桩取第一折点）的前一级荷载等方法综合确定。

第二节 桩的动测技术

一、桩动测基本理论

（一）一维波动方程

桩动测技术系以一维波动方程为理论基础。

假设桩为等截面细长杆，杆四周无侧阻力作用，杆顶端受撞击后，杆截面在变形后仍保持平面：

取微分单元 $aba'b'$，其应变为 $\varepsilon = \partial u / \partial z$，$u$ 为沿 z 方向位移，ε 在不同位置 z 和不同时间 t 均在变化。

$$ab\ \text{截面受力}, \sigma = E_\varepsilon, F(M-1) = A\sigma = A_\varepsilon E = AE\frac{\partial u}{\partial z}$$

$$a'b'\ \text{截面受力}, F(M) = AE\left(\frac{\partial u}{\partial z}\right) - AE\frac{\partial}{\partial z}\left(\frac{\partial u}{\partial z}\right)dz$$

式中：A——杆截面；

E——杆材料弹性模量。

单元 $aba'b'$ 受力为：

$$F(M-1) - F(M) = AE\frac{\partial u}{\partial z} - \left(AE\frac{\partial u}{\partial z} - AE\frac{\partial^2 u}{\partial z^2}dz\right) = AE\frac{\partial^2 u}{\partial z^2}dz$$

单元 $aba'b'$ 力的平衡，$F = ma$，$m = W/g$，加速度 a 为位移两次求导，

$$AE\frac{\partial^2 u}{\partial z^2}dz = \frac{W}{g}\frac{\partial^2 u}{\partial t^2}$$

式中：W——单元重量；

g——重力加速度：

m——单元质量。

杆质量密度

$$\rho = \frac{m}{Adz} = \frac{W/g}{Adz} \quad c = \sqrt{E/\rho}$$

式中：c——应力波沿杆传播速度。

$$\frac{\partial^2 u}{\partial t^2} = c^2 \frac{\partial^2 u}{\partial z^2}$$

上式为一维波动方程，它是二阶偏微分方程。高应变法和低应变的应力波反射法是利用它的波动解，低应变法的稳态激振机械阻抗法是利用它的振动解。

（二）杆的振动与波动

一根半无限长杆，顶部质点受扰动后，要偏离原来平衡位置进入运动状态，由于质点相对位置的变化，使得扰动质点同周围质点间产生附加弹性，周围质点必然受到影响进入运动状态，这种作用依次传递下去形成波动。这种扰动随时间的发展会沿无限杆一直传播下去，所以波动总是受到扰动源的激发而产生并通过介质传递，它携带着扰动源的信息又包含介质本身的特性。

冲击能量以应力波形式传播。应力波传播也可看成能量转换过程，杆端在敲击力扰动下，第 i 单元将吸收能量 E_i，根据能量守恒，E_i = 势能（E_1）+ 动能（E_2），即

$E_i = E_1$ (弹性能、势能) $+ E_2$(惯性能、动能)

$= Fu(z,t) + m(z,t)V^2$

式中： F ——扰动力；

$u(z,t)$ ——单元位移：

$m(z,t)$ ——单元质量；

V ——质点运动速度。

第 i 单元在 dt 时间内的任意时刻，质点截面具有能量不变，但 E_1 具有不稳定状态，会不断转化为 E_2，E_2 又通过单元固有内力转化为第（i +1）单元的势能，这种因内力为媒介交替转化，杆内能量得到传递，形成应力波。

对于物体尺寸相对较小，扰动到达边界时，将产生来回反射，从而使整个物体呈现出在其平衡位置附近的一种周期性的振荡现象称为弹性振动。

波动与振动有本质区别和内在联系，它们都是由介质的弹性和惯性两

个基本因素决定，弹性使发生位移的质点回复到原来平衡位置的作用，而惯性使当前运动状态持续下去的作用，也就是弹性是储存势能的要素，惯性是维持动能的表征，有了弹性和惯性两种特性存在，系统能量得以保持和传递，外界扰动才能引起波动和振动。

（三）波动方程的波动解

波动方程式 $\dfrac{\partial^2 u}{\partial t^2} = c^2 \dfrac{\partial^2 u}{\partial z^2}$ 的波动解为两个反向行波的叠加。

$$u(z,t) = f(z-ct) + g(z+ct)$$

式中：f、g——任意函数。

上式第一项为一个以波速 c 沿正的 z 方向移动（传播）的压力波，称为下行波；第二项为一个以波速 c 沿负的 z 方向移动（传播）的拉力波，称为上行波。

应力波传播过程，沿波的传播方向，后一质点的振动相位总是滞后相邻的前一个质点的相位，这是波动的一个重要特征。如果所有介质质点振动相位都相同时，只能是全部质点作整体运动，即刚体运动，不产生波动，波动过程，介质质点都只在各自的平衡位置附近作振动，最终回到平衡位置，并不随波动过程传到远处，被传播的只是扰动状态，而不是振动的质点，因此波动与振动密切相关，但两者是截然不同的运动形式。

（四）应力波在杆端的反射波

假设沿杆的下行波为入射波 u，且 $u = f(z-ct)$，并设 $g = z-ct$，$u = f(g)$，u 对 z 和 t 取偏导数：

$$\frac{\partial u}{\partial t} = \frac{\partial u}{\partial g}\frac{dg}{dt} = \frac{\partial u}{\partial z} \cdot c$$

将 $\dfrac{\partial u}{\partial t} = V$，$\dfrac{\partial u}{\partial z} = \varepsilon$，$\sigma = E\varepsilon$，$E = c^2\rho$ 代入上式，有：

$$V = c\varepsilon = c\frac{\sigma}{E} = \frac{c\sigma}{c^2\rho} = \frac{\sigma}{\rho c}$$

上式两边乘以 A 得到：

$$VA = \frac{\sigma}{\rho c} A = \frac{F}{\rho c}$$

$$F = V \cdot \rho Ac = V \cdot Z$$

$$Z = \rho Ac = \frac{EA}{c}$$

上述式中：F、σ——下行压力和应力；

E——杆材料弹性模量；

ρ——杆材料质量密度；

c——下行入射波波速；

A——杆截面积；

ε——应变；

V——质点运动速度；

Z——杆力学阻抗。

设杆长 $z = l$，杆端自由，无任何约束条件下杆端力为零，杆端力等于上、下行波叠加。

$$F = F_d + F_u = 0$$

上式恒等于零，故 $F_d = -F_u$，因此下行 F_d 为压力波，质点运动速度向下，必定有一个上行的拉力波，其质点运动速度向下，在杆端速度加倍。

因此可以得到应力波在杆端的反射结果：

①下行压力波（V 向下），遇自由端反射为上行拉力波（V 向下），端点 $F = 0$，V 加倍。

②下行压力波（V 向下），遇固定端反射为上行压力波（V 向上），端点 $V = 0$，F 加倍。

③下行拉力波（V 向上），遇自由端反射为上行压力波（V 向上），端点 V 加倍。

④下行拉力波（V 向上），遇固定端反射为上行拉力波（V 向下），端点 $V = 0$。

（五）打桩时应力波的反射

打桩时，当锤重远小于桩重，锤对桩的作用可假定为半正弦压力脉冲波，压力波峰值为 F_0。

$$F(t) = -F_0 \sin \frac{\pi t}{\tau}$$

当

$$t = 0, F(t) = 0$$
$$t = \tau, F(t) = 0$$
$$t = \tau / 2, F(t) = -F_0$$

式中： τ ——脉冲力持续时间；

A ——桩截面积；

F ——脉冲力峰值。

下行应力波

$$\sigma(z,t) = f\left(z - c_0 t\right)$$

桩顶（ $z = 0$ ）处

$$\sigma(0,t) = f\left(-c_0 t\right) = -\frac{F_0}{A} \sin \frac{\pi t}{\tau} = \frac{F_0}{A} \sin \frac{\pi \left(-c_0 \tau\right)}{c_0 t}$$

$$\sigma(z,t) = \frac{F_0}{A} \cdot \sin \frac{\pi \left(z - c_0 \tau\right)}{c_0 t}$$

在 $t = \tau$ 时，即锤击过程结束的瞬时，

$$\sigma(z,t) = \frac{F_0}{A} \sin \left[\pi \cdot \left(\frac{z}{c_0 \tau} - 1 \right) \right]$$

当 $t = L / c_0$ 即应力波到达桩底后将产生反射，后续行为将依赖于桩端支承条件。

如果桩尖持力层为基岩，可近似视为固定端，此时入射压力波反射仍为压力波，桩端总应力等于入射波和反射波相加。

如果桩端持力层为很软的软土，不能限制桩端位移，可近似为自由端，反射的应力波为拉力波，桩端总应力为入射波和反射波的代数和。

实际工程桩桩端持力层介于以上两种情况之间，反射的上行波是压力

波还是拉力波视桩端土层情况，如果桩较长，桩端土为黏性土，往往反射的上行波为拉力波，当拉应力超过混凝土的抗拉强度时，会在距桩端一定距离把桩拉裂。

工程中打桩，一般锤重为桩重的一半左右，而不是远小于桩重，又加有锤垫和桩垫，实际脉冲力不是简单的半正弦脉冲，比半正弦要复杂得多。

（六）波形频域分析

对桩完整性判定可以用时域波形分析，也可以用频域波形分析，也就是进行振动频谱分析。

1. 振动频谱

物理现象中谱的概念总是和频率联系在一起的。光谱是各种单色光的强度（振幅）按频率域的分解，声波是各种声波的强度按频率域的分解。

类似动力试桩等一些实际振动问题，实测的振动波形，大都是组合性振动。这类问题单在时域里分析往往不能满足振动特征的识别要求，而用振动频谱描述可以更有效地确定在结构分析和测试技术中的各种影响。实际振动波形都不是单纯的简谐波，按傅里叶分析法，动态波形可分解成许多谐波分量，用其振幅和相位来表征。各次谐波依其频率高低排列成谱态，这样排列的各次谐波的全体称为频谱。各次谐波振幅的全体称为振幅频谱，它表征动态信号的幅值随频率分布情况；各次谐波相位的全体称为相位频谱，它表征相位随频率变化情况；各次谐波能量的全体称为功率谱。通常若不加说明，频谱一词指的是振幅频谱。

振动可分为周期振动和非周期振动。

周期振动是一个物体或质点相对于基准位置作往复运动。在一定的时间间隔 T（周期）后，运动自身精确地重复：

$$x(t) = x(t+nT) \quad (\ n = 0,\ 1.2.3\cdots)$$

式中：T——振动周期。最简单的周期振动是正弦或余弦振动，即简谐振动。

周期振动可以用傅里叶级数展开，看成是许多频率组成谐波关系的正弦或余弦波的叠加结果：

$$x(t) = x_0 + x_1 \sin(\omega t + \varphi_1) + x_2 \sin(2\omega t + \varphi_2) + x_3(3\omega t + \varphi_3) + \cdots +$$

$$x_n \sin\left(n\omega t + \varphi_n\right) + \cdots$$

这些正弦波的频率为一个基本频率的整数倍，基本频率的正弦波称为基波，等于基波频率2，3，4…倍频率的正弦（余弦）波称为谐波。当级数成分愈多时，该级数就愈接近于原始波形。

任意一个周期波形都有一组相应的谱，它是由一些离散的线条组成，称为线谱。

非周期振动，如冲击振动、瞬态振动和随机振动，它们不能直接用傅氏级数展成各种谐波振动，必须用傅里叶变换：

$$x(f) = \int_{-\infty}^{+\infty} x(t)e^{-j\omega t} dt \ (j = \sqrt{-1})$$

$$x(t) = \int_{-\infty}^{+\infty} x(f)e^{-i\omega t} df$$

$x(f) = \int_{-\infty}^{+\infty} x(t)e^{-j\omega t} dt$ 为傅里叶正变换。$x(t) = \int_{-\infty}^{+\infty} x(f)e^{-i\omega t} df$ 为傅里叶逆变换。$x(f)$ 称为 $x(t)$ 的频谱。

例如动力试桩，作用在桩顶上的力可近似用半正弦波表示：

$$F(t) = F_0 \sin\frac{\pi t}{\tau} \ (0 < t < \tau)$$

代入 $x(f) = \int_{-\infty}^{+\infty} x(t)e^{-j\omega t} dt$ 得：

$$F(f) = \int_{-\infty}^{+\infty} F(t)e^{-j\omega t} dt$$

$$= \int_0^{\tau} F_0 \sin\frac{\pi t}{\tau} e^{-j\omega t} dt$$

$$= \int_0^{\tau} \frac{F_0}{2j}\left(e^{j\omega t/\tau} - e^{-j\omega t/\tau}\right)e^{-j\omega t} dt$$

$$= \frac{2F_0\tau}{\pi\left[1 - (\omega\tau/\pi)^2\right]}\cos\frac{\omega\tau}{2}e^{-j\omega t/2}$$

所以非周期振动的频谱为连续谱。

测桩信号分析可以进行时域分析，还可做频域分析或传递函数分析。当时域波形干扰信号成分较多时，波形杂乱，缺陷识别较困难，干扰信号频率成分通常较单一，通过频域分析，容易识别干扰信号，更易识别桩底反射。测桩信号谱分析一般采用功率谱或能量谱。

功率谱和能量谱是幅值谱的平方：

功率谱

$$G(f) = \frac{2}{T} |x(f)|^2$$

能量谱

$$E(f) = 2 |x(f)|^2$$

式中 $x(f)$ ——信号幅值谱；

$G(f)$ ——信号功率谱；

$E(f)$ ——信号能量谱；

T ——采样长度。

通过功率谱或能量谱分析更能突出主频率和谐振峰，识别缺陷或桩底反射更容易。

2. 瞬态激振的导纳曲线

目前多数测桩仪都具有瞬态激振频谱分析功能；有的还可用机械导纳进行桩身完整性判定。任何线性结构系统在确定的动态力（输入）作用下，就有确定的振动响应（输出）。动态力、振动响应和系统的动态特性三者之间存在确定的函数关系：

$$F(t) * H(t) = V(t)$$

式中：$V(t)$ ——桩、土系统响应信号（输出）；

$F(t)$ ——桩顶激振力（输入）；

$H(t)$ ——桩、土系统动态特性。

*——表示卷积或杜哈美积分：

$$V(t) = \int_{-\infty}^{+\infty} F(\tau) H(t-\tau) d\tau$$

根据傅里叶变换性质，若 $F(t)$ 和 $H(t)$ 的卷积 $V(t)$，可以进行傅里叶变换。那么，$F(t)$ 和 $H(t)$ 卷积的傅里叶变换等于 $F(t)$ 和 $H(t)$ 的傅里叶变换乘积：

时域 $F(t)$ * $H(t)$ = $V(t)$

（ FFT FFT FFT ）

频域 $F(f) \quad * \quad H(f) \quad = \quad V(f)$

由上式可得到桩—土系统的动态特性：

$$H(f) = \frac{V(f)}{F(f)}$$

其中

$$V(f) = \int_{-\infty}^{+\infty} V(t)e^{j\omega t} dt$$
$$F(f) = \int_{-\infty}^{+\infty} F(t)e^{j\omega t} dt$$

式中：$V(f)$、$F(f)$ 速度响应信号和脉冲力信号的频谱。

桩一土系统动态特性 $H(f)$ 即为速度导纳随频率变化曲线。由曲线可得到频差 $\ddot{A}f$ 和动刚度 K_d 值，从而判断桩身质量。

$$\ddot{A}f = \frac{c}{2L}$$
$$K_d = \frac{2\pi f_m}{\left|\dfrac{V}{F}\right|_m}$$

式中：L——桩长；

c——初波波速；

$\ddot{A}f$——相邻谐振峰频率；

f_m——导纳曲线低频直线段任一频率值；

K_d——桩土系统动刚度。

二、低应变法检测技术

（一）低应变反射波法的基本原理

低应变法是以一维弹性杆的波动方程为理论基础。波动方程的波动解为：

$$u(z,t) = f(z - c \cdot t) + g(z + c \cdot t)$$

式中 $f(z - c \cdot t)$ 为下行波，沿 z 轴向下正向传播；$g(z + c \cdot t)$ 为上行波，沿 z 轴负向传播。

设 Z_1 和 Z_2 分别表示桩上、下部的阻抗、下标 I、R、T 分别表示入射波、反射波和透射波、由桩身阻抗变化界面处的连续条件得到位移、速度和力的平衡方程。

位移

$$u_1 = u_2 \quad u_I + u_R = u_T$$

速度

$$V_1 = V_2 \quad V_1 + V_R = V_T$$

力

$$F_1 = F_2 \quad F_I + F_R = F_T$$

由 $u(z,t) = f(z - c \cdot t) + g(z + c \cdot t)$ ，入射的下行波为：

$$u_i = f\left(z - c_1 t\right) = f(\xi), \xi = z - c_1 t$$

$$c_1 = \sqrt{\frac{E_1}{\rho_1}}$$

u_1 对 z 和 t 求偏导：

$$\frac{\partial u_1}{\partial z} = \frac{\partial u_1}{\partial \xi} \frac{d\xi}{dz} = \frac{\partial u_1}{\partial \xi} = \frac{df}{d\xi}$$

$$\frac{\partial u_1}{\partial t} = \frac{\partial u_1}{\partial \xi} \frac{d\xi}{dt} = -c_1 \frac{df}{d\xi} = -c_1 \frac{\partial u_i}{\partial z}$$

同理对于反射波和透射波为

$$\frac{\partial u_R}{\partial t} = c_1 \frac{\partial u_R}{\partial z}$$

$$\frac{\partial u_T}{\partial t} = -c_2 \frac{\partial u_T}{\partial z}$$

将速度 $V = \dfrac{\partial u}{\partial t}$ 、$\dfrac{\partial u_1}{\partial t} = \dfrac{\partial u_1}{\partial \xi} \dfrac{d\xi}{dt}$ 和上两式代入 $V_1 + V_R = V_T$ 得：

$$-c_1 \frac{\partial u_1}{\partial z} + c_1 \frac{\partial u_R}{\partial z} = -c_2 \frac{\partial u_T}{\partial z}$$

由 $\varepsilon = \dfrac{\partial u}{\partial z} = \sigma / E = F / AE$ ，$Z = EA / c$ 则上式为：

$$-c_1 \frac{\partial u_1}{\partial z} + c_1 \frac{\partial u_R}{\partial z} = -c_2 \frac{\partial u_T}{\partial z}$$

$$-\frac{1}{Z_1}F_1 + \frac{1}{Z_1}F_R = -\frac{1}{Z_2}F_T$$

$$F_T = \frac{Z_2}{Z}\left(F_I - F_R\right)$$

综上，可得

$$\frac{F_R}{F_1} = \frac{Z_2 - Z_1}{Z_2 + Z_1} = R_F$$

同理

$$\frac{V_R}{V_1} = \frac{Z_1 - Z_2}{Z_2 + Z_1} = R_V$$

$$\frac{F_T}{F_1} = \frac{2Z_2}{Z_2 + Z_1} = I_F$$

$$\frac{V_T}{V_1} = \frac{2Z_1}{Z_2 + Z_1} = I_V$$

式中 R_F、R_V 称为反射系数，I_F、I_V 称为透射系数。

（二）低应变法检测目的和适用范围

1. 检测目的

（1）检测桩身缺陷及扩颈位置

根据波形特征无法判定缺陷性质，无论是缩颈、夹泥、混凝土离析或断桩等缺陷的反射波并无大差别，要判定缺陷性质只有对施工工艺、施工记录、地质报告以及某种桩型容易出现的质量问题非常熟悉，并结合个人工程经验进行大概的估计，估计是否准确只有通过开挖或钻芯验证。

（2）判定桩身完整性类别

所谓完整性类别就是缺陷的程度，缺陷占桩截面多大比例，会不会影响桩身结构承载力的正常发挥，但是目前缺陷程度只能定性判断，还不能定量判断。目前有用波形拟合法试图给出定量结果，如荷兰建筑材料和结构研究所的 TNOWAVE 软件。

波形拟合分两步进行：

①确定桩周土参数。同一工地的部分完整桩的反射波的平均作为参考信号，对所假定的土参数，用 TNOWAVE 程序迭代计算，不断调整土参数直到计算波形和参考波形有良好的吻合，则认为土参数假定符合实际，以此

作为检测有缺陷桩时的已知土参数。

②桩身扩颈或缺陷判断。在被检测桩上进行试验，得到实测反射波形，在已知土参数情况下，调整桩身某部位阻抗，使计算波形和实测波形吻合，从而判断缺陷的大小和位置。

2. 适用范围

①低应变法动力检测适用于混凝土桩的桩身完整性判定，例如灌注桩、预制桩、预应力管桩、水泥粉煤灰碎石桩（CFG桩）等，作为复合地基的增强体，如水泥土搅拌桩、夯实水泥土桩等的柔性桩，一般不适用但只要桩底反射波明显也可用，假如看不到桩底反射波，该方法应视为无效。

②低应变法检测多长有效桩长应视现场具体情况而定，当桩顶给一个激振能量时，能量以应力波形式沿桩—土系统传播，由于桩侧土的摩阻力、桩身材料阻尼和桩身截面阻抗变化等因素影响，应力波传播过程，其能量和幅值将逐渐衰减，若桩侧土较密实、桩长过长、桩径较大和桩身截面阻抗变化幅度较大，往往应力波尚未传到桩底，其能量已完全衰减，致使检测不到桩底反射信号，无法判定整根桩的完整性。

（三）现场检测技术

1. 桩头处理和传感器安装

桩顶条件和桩头处理好坏直接影响信号质量，首先要求桩头的混凝土质量、截面尺寸应与桩身条件一样，灌注桩应凿去浮浆层和松散、破损的混凝土，直至新鲜混凝土，安装传感器和敲击点位置应该用电动磨光机磨平。传感器可用黄油、橡皮泥、石膏、口香糖等材料黏结在桩顶上，黏结牢靠为前提下黏结材料应尽量薄，若太厚，相当于传感器与桩之间加入弹性模量差异较大的弹性介质，将会影响信号真实性。

传感器安装在被测振动体上，二者的接触好坏可以用安装刚度模拟。安装时，传感器不可能完全刚性地固定在桩上，二者是以有限刚度连接。因此传感器不可能严格地和桩一起振动，相当二者之间存在弹性介质。弹性介质可用弹簧和阻尼模拟，其弹簧刚度 k 和阻尼系 c 大小决定安装刚度。

假如加速度计和桩完全固结，安装刚度趋于无穷大，其幅频特性曲线的频率上限完全取决于加速度计本身的谐振峰 ω_0。安装时若用黄油、橡皮泥或石膏等材料和桩黏结，其安装刚度是有限的，这时要产生安装刚度的共振频率 ω_1，降低了加速度计的上限频率，黏结越差，粘接层越厚，安装刚度越低，ω_0 和 ω_1 相距越大，可使用上限频率越低。

此外，安装刚度对量测精度和量程也有影响，例如传感器通过磁铁吸在测点上的做法，大大降低传感器的量程。

2. 传感器安装位置

桩动测技术是建立在一维应力波理论基础上，并做了平截面假定，应力波反射法也不例外；但是小锤敲击，桩顶面近似点振源，桩顶附近，桩各截面每一质点的运动速度并不一致，因此，不同振源部位和传感器安装在不同位置将产生不同测试结果。

相对于桩顶横截面尺寸而言，激振点处为集中力作用，在桩顶部位会出现与桩顶横向振型相应的高频干扰，当锤击脉冲变窄或桩径增大时，这种由三维尺寸效应引起的干扰加剧，传感器安装位置不同，所受干扰程度不一样，根据理论计算和工程实践，实心桩安装点在距桩中心的 2/3 R（R 桩半径）处，所受干扰相对较小；空心桩安装点与激振点平面夹角为或略大于 90° 时，所受干扰也较小。因该位置相当于横向耦合低阶振型的驻点。但应注意传感器安装点和激振点距离或平面夹角增大将加大响应信号的时间差，会造成波速和缺陷位置的判定误差。

对大直径桩，当敲击力脉冲过窄，也易产生高频干扰信号。直径 1.0m，长度 10m 的桩，敲击力脉冲宽度为 0.5ms、1.0ms 的两种理论计算反射波波形比较。显然，窄脉冲力高频干扰大得多。所以检测大直径桩，应该用尼龙头或加大锤垫厚度增大敲击力脉冲宽度，减小高频干扰信号影响。

另外，大直径桩，桩截面各部位的运动不均匀性在增加，桩浅部的阻抗变化往往有方向性，所以应增加检测点数量，使检测结果能真实反映桩身的完整性。

3. 敲击次数确定

应力波反射法和瞬态机械阻抗法检测时，一根桩应敲击多少次合适，假如信号重复性较好，一般一根桩敲击三次即可，若重复性不好应查明原因。采集的信号经叠加平均可以消除干扰，提高信噪比。

瞬态激振机械阻抗法的响应信号随机噪声干扰较大，试验现场不可避免存在环境噪声，对落锤激振试验在相同条件下重复进行多次量测，然后进行平均，以消除随机噪声影响，提高测试精度。

三、高应变法检测技术

计算过程将一次锤击的历时分为许多时间间隔 Δt，Δt 选得极短以致弹性应力波在此时间间隔尚未从一个单元传播影响到下一个单元，因此在该时间间隔内各单元的运动场近似地看作等速运动。计算从已知的锤心锤击速度开始，各单元的初始位移、受力和速度均为零，计算反复对持续的时间间隔和每个单元进行，直到同时满足：①桩底单元处位移量（或土残余变形量）不再增加；②各单元的速度均为零或负值，或迭代运算已进行了规定的次数。

从计算求得的桩底单元的残余变形的最大值即为所求的桩贯入度，因此可绘制桩的打入时阻力（承载力）与锤击数（击/cm）的反应曲线，从而判定单桩极限承载力；由各时间间隔算得的单元受力及加速度，便可绘制打桩应力、桩顶加速度随时间变化曲线，并可与实测值对比。

（一）高应变法检测目的

①判定单桩竖向抗压承载力（简称单桩承载力）。单桩承载力是指单桩所具有的承受荷载的能力，其最大的承载能力称为单桩极限承载力。高应变法判定单桩承载力是桩身结构强度满足轴向荷载的前提下判定地基土对桩的支承能力。

②判定桩身完整性。高应变法作用在桩顶的能量大，检测桩的有效深度比低应变法深，对预制桩和预应力管桩接头是否焊缝开裂，以及桩身水平整合型裂缝等缺陷的判定优于低应变法，对等截面桩可以由截面完整系数（测桩仪自动显示）定量判定桩身第一缺陷的缺陷程度，从而可定量判定缺陷是否影响桩身结构承载力。

③打入式预制桩的打桩应力监控；桩锤效率、打桩系统效率和能量传递比检测，为沉桩工艺和锤击设备选择提供依据。

由高应变法实测的力和速度波形，可以计算作用在桩上的能量：

$$E = \int_0^t FVdt$$

式中：E ——传递给桩的能量；

F、V——实测桩顶力和速度；

t——采样结束时刻。

大多数测桩仪可以自动绘出能量随时间变化曲线，其最大值记为 E_{max}。

锤击势能为锤重和落高的乘积 $E_p = WH$；锤下落最大动能 $E_k = \dfrac{1}{2}\dfrac{W}{g}V^2$。

锤的效率为最大动能和势能之比（E_k / E_p）；

打桩系统效率为实际作用在桩顶上能量和最大动能之比（E_{max} / E_k）；

能量传递比为实测能量和势能之比（E_{max} / E_p）。

上述变量中：F——锤击力（实测桩顶力）；

W——锤重；

H——锤落高；

V——锤下落末速度（实测桩顶速度）。

以上三者在数值上能量传递比最大，锤效率次之，打桩系统效率最低。

目前常用的打桩锤，其效率为：落锤为 75% ~ 100%；单作用锤为 75% ~ 85%；双作用锤为 85%；柴油锤为 85% ~ 100%。

锤下落最大动能除作用在桩上能量（有用功）外，还有桩垫、测点至桩顶桩段弹性变形，锤偏心作用等的能量损失，打桩系统效率大约是：落锤为 50%；柴油锤为 30%；蒸汽锤大于 50%，所以打桩系统效率低于打桩锤效率。

高应变法通过桩顶应力波测量，可以较准确量测桩身最大压应力和拉应力，进而控制打桩过程的桩身应力，减少桩身破损率，为打入桩的打桩信息化施工提供监控手段。

④对桩身侧阻力和端阻力进行估算，高应变法通过波形拟合程序可以计算桩身侧阻力分布和端阻力值，为桩基设计提供参考依据。

（二）高应变法适用范围

①高应变法只能作为检验性试桩（校核单桩承载力是否满足设计要求），不能作为设计性试桩。

桩承载力试验分别在设计和施工两个阶段进行。设计性试桩目的是为设计者提供桩承载力设计依据和确定桩的施工工艺。试验多数在预先专门制作的试验桩上进行，程序是制作试验桩—试验—设计—施工。

目前，在动力试桩精度还比较低的情况下，设计性试桩务必用静荷载的慢速维持荷载试桩法。荷载加到破坏荷载，得到单桩极限承载力值。

检验性试桩是对已施工完的工程桩，按一定比例数随机抽检，检验单桩承载力是否满足设计要求和桩身完整性情况。程序是勘察→设计→施工→检验。

检验性试桩可以采用动力试桩法、静荷载的慢速维持法或快速维持荷载法，静荷载加至单桩承载力特征值的2.0倍，或视设计者要求而定。

②当有本地区相近条件（地质资料、桩型和成桩工艺相近）的对比验证资料时，可以作为单桩竖向抗压承载力验收检测的补充。高应变法在工程中应用在我国也就二十多年历史，目前仍处于发展和完善阶段，再者高应变法检测承载力的准确程度，在很大程度上取决于检测人员的技术水平和经验，工作中要不断积累验证资料，提高检测水平和分析判断能力，使动测技术不断提高。目前以致将来高应变法都不可能代替静载荷试桩，只能作为工程桩承载力验收时静力试桩的一个补充。

③用于灌注桩的竖向抗压承载力检测时，应具有现场实测经验和本地区相近条件下的可靠对比验证资料。灌注桩为就地成孔就地浇注混凝土而成的桩，在地下水位较高场地，多数采用泥浆护壁和水下浇灌混凝土工艺，由于地质条件复杂和土层分布不均匀，桩截面是不规则的，材质是不均匀的，加上施工的隐蔽性，以致使灌注桩高应变法检测的波形质量不高，加上波形拟合法中，许多参数不确定性和分析复杂程度均高于预制桩，所以规范强调用于灌注桩检测时，要有当地条件下的对比验证资料。

④大直径扩底桩和 $Q \sim s$ 曲线为缓变形的大直径灌注桩，不宜采用高应变法检验单桩承载力。对这种桩型，要使桩侧和桩端阻力得到发挥，尤其端阻力充分发挥，所要达到的桩端位移量很大，在多数情况下，高应变检测所用锤的重量有限，例如我国目前用于高应变检测的最大锤重为200kN。锤重量不足，往往难以使桩土之间产生一定的相对位移，从而不能得到极限承载力，只能得到承载力的检测值，当然不宜不是绝对不能用，是要有条件的用。

⑤对于预制桩，除了应该用单桩静载试验进行验收检测外，可以用高应变法进行单桩承载力验收检测。

第三节　桩身完整性检测

埋于地下的桩是隐蔽工程，不论预制桩或灌注桩，在打入地下或浇注时，由于地层地质条件的复杂多变，地下水的赋存及流动，施工人员的技术素质、工作责任心以及不规范的经济行为等多种原因，使成桩的质量、混凝土标号、桩的不完整性乃至桩长不足等问题时有发生。具体表现为：桩身总体混凝土标号达不到设计要求，桩身出现缩径、断裂、断开、夹泥、空洞、混凝土离析以及扩径等缺陷。这些缺陷会严重影响桩基础的稳定性、抗震性能，使桩达不到设计要求的承载力标准值，由此可见对桩身完整性检测的必要性。常用的桩身完整性检测方法包括直观的取芯法，动测方法（低应变法、高应变法）、声波透射法等。

一、取芯法

钻孔取芯法检测是一简单直观的方法。此方法适用于检测混凝土灌注桩的桩长、桩身混凝土强度、桩底沉渣厚度和桩身完整性，判定或鉴别桩端持力层岩土性状。通过钻孔取芯可检查整个桩长范围内混凝土的胶结、密实度是否满足要求并测出桩身混凝土的实际强度，既可检查出混凝土的配置技术又可检查出桩身混凝土的灌注质量。对桩底沉渣厚度、桩实际长度及桩端持力层岩性均可通过取芯直观认定。

钻取芯样宜采用液压操纵的钻机。钻机设备额定最高转速不低于790r/min，转速调节范围不少于4挡，额定配用压力不低于1.5MPa。钻机配备单动双管钻具以及相应的孔口管、扩孔器、卡簧、扶正稳定器和可捞取松软渣样的钻具。钻杆直径一般取50mm。钻头则根据混凝土设计强度等级选用合适粒度、浓度、胎体硬度的金刚石钻头，且外径一般不小于100mm。

①在进行检测时，每根受检桩的钻芯孔数和钻孔位置宜符合下列规定。

a. 桩径小于1.2m的桩钻1孔，桩径为1.2~1.6m的桩钻2孔，桩径大于1.6m的桩钻3孔。

b. 当钻芯孔为一个时，宜在距桩中心10~15cm的位置开孔；当钻芯孔为两个或两个以上时，开孔位置宜在距桩中心 0.15 ~ 0.25 D 内均匀对称布置。

c. 对桩端持力层的钻探，每根受检桩不应少于一孔，且钻探深度应满足设计要求。

②钻取的芯样应由上而下按回次顺序放进芯样箱中，芯样侧面上应清晰标明回次数、块号、本回次总块数，并及时记录钻进情况和钻进异常情况，对芯样质量进行初步描述。钻芯过程中，应对芯样混凝土、桩底沉渣以及桩端持力层详细编录。钻芯结束后，应对芯样和标有工程名称、桩号、钻芯孔号、芯样试件采取位置、桩长、孔深、检测单位名称的标示牌的全貌进行拍照。当单桩质量评价满足设计要求时，应采用 0.5 ~ 1.0MPa 压力，从钻芯孔孔底往上用水泥浆回灌封闭；否则应封存钻芯孔，留待处理。截取混凝土抗压芯样试件应符合下列规定。

a. 当桩长为 10 ~ 30m 时，每孔截取 3 组芯样；当桩长小于 10m 时，可取 2 组，当桩长大于 30m 时，不少于 4 组。

b. 上部芯样位置距桩顶设计标高不宜大于 1 倍桩径或 1m，下部芯样位置距桩底不宜大于 1 倍桩径或 1m，中间芯样宜等间距截取。

c. 缺陷位置能取样时，应截取一组芯样进行混凝土抗压试验。

d. 当同一基桩的钻芯孔数大于一个，其中一孔在某深度存在缺陷时，应在其他孔的该深度处截取芯样进行混凝土抗压试验。

③成桩质量评价应按单桩进行，当出现下列情况之一时，应判定该受检桩不满足设计要求。

a. 桩身完整性类别为 IV 类的桩。

b. 受检桩混凝土芯样试件抗压强度代表值小于混凝土设计强度等级的桩。

c. 桩长、桩底沉渣厚度不满足设计或规范要求的桩。

d. 桩端持力层岩土性状（强度）或厚度未达到设计或规范要求的桩。

二、低应变法

基桩低应变动力检测反射波法的基本原理是将桩身假定为一维弹性杆件，在桩顶锤击力作用下，在桩身顶部进行竖向激振，弹性波沿着桩身向下传播，当桩身存在明显波阻抗差异的界面（如桩底、断桩和严重离析等部位）或桩身截面面积变化（如缩径或扩径）部位，将产生反射波。广义讲，桩身某处截面波阻抗降低，表现为反射波与入射波相位相同，如夹泥、离析、蜂窝、洞、缩颈甚至断裂；反之相位相反，如扩颈。经接受放大、滤波和数据处理，可识别来自桩身不同部位的反射信息，据此计算桩身波速，以判断桩身完整性及估计混凝土强度等级。还可根据视波速和桩底反射波到达时间对桩的实际长度加以核对。通过反射波相位特征来判断桩身缺陷的具体类型具有一定困难。因此本方法在应用中应结合工程地质资料、施工技术资料（异常情况）、桩型、施工工艺等资料，通过综合分析来对桩身的缺陷及类型做出定性判定。

低应变反射波法因其具有室外数据采集快速、仪器轻便、测试成本低廉、测试周期短、测试信号分析简单、对桩身无损，非常适用于规模普查，因此在桩身质量检测中应用最为广泛，在桩身完整性检测中有着不可替代的地位。低应变反射波法主要有以下用途。

（一）检测桩身缺陷及扩颈位置

根据波形特征无法判定缺陷性质，无论是缩颈，夹泥，混凝土离析或断桩等缺陷的反射波并无大差别，要判定缺陷性质只有对施工工艺、施工记录，地质报告以及某种桩型容易出现的质量问题非常熟悉，并结合个人工程经验进行大概的估计，估计是否准确只有通过开挖或钻芯验证。

（二）判定桩身完整性类别

所谓完整性类别就是缺陷的程度，缺陷占桩截面多大比例，是否影响桩身结构承载力的正常发挥。但是目前缺陷程度只能定性判断，还不能定量判断。目前有用波形拟合法试图给出定量结果，如荷兰建筑材料和结构研究所的 TNO-WAVE 软件。

低应变法检测的仪器设备主要包括激振设备和传感器，常用的激振设备分为瞬态激振设备和稳态激振设备。瞬态激振设备有手锤、自由落锤和力棒，锤体质量一般为几百克至几十千克不等，手锤可用一般的榔头或特制手锤。用它敲击桩顶，因手劲大小不易掌握，作用力不易垂直和每一锤用力不均等缺点，容易造长波形重复性较差。自由落锤或力棒是靠锤自重，以一定高度自由下落打在柱顶上。每一锤落高一样时，作用力垂直，大小均匀，信号重复性较好，单锤和多锤平均信号的效果差别不大。手锤、自由落锤或力棒的锤头所使用的材料，或锤垫厚度将影响敲击力脉冲宽度，也就是影响力谱成分。铝头力谱宽度最宽，尼龙头次之，硬橡胶头最窄。

稳态激振设备的激振部分由永磁式激振器、信号源和功率放大器组成。激振器和桩顶连接有悬吊式和半刚性座式两种方式。拾振器为安装在桩顶的速度传感器。功率放大器推动激振器，产生正弦式垂直力，通过传感器作用在桩顶上。由力传感器、功率放大器和检测仪组成闭环系统，可使激振力幅值保持恒定，而激振频率从 5 ~ 1200Hz 变化，激振器出力一般为 100 ~ 200N，大的为 400 ~ 500N。稳态激振比瞬态激振的优点是量测精度高，因为稳态激振每条谱线上的力值是不变的，而后者每条谱线上的力值随频率增加而减小。

目前国内测桩所用的传感器有速度传感器和加速度传感器两类。速度传感器均为磁电式，其结构形式决定了频响范围较窄，存在低频低不下去，高频高不上去的缺点。目前所用速度传感器有下面 3 种。

①检波器：检波器大都配合地震仪使用，主要功能是记录地震波到达的起始时间，对传感器频响无过高要求，检波器一般有 f_1、f_2 和 f_3 个固定频率（f_1 =38Hz，f_2 =220Hz，f_3 =380Hz）。如 38Hz 检波器，该传感器用于测桩，容易产生指数衰减振荡信号。

②低阻尼速度传感器：以美国本特利公司（Bently Nevada）生产的速度传感器为例，其频率响应为 4.5 ~ 1000Hz，速度灵敏度为 197mV/（cm/s）。

③高阻尼速度传感器。例如淮南矿业学院生产的速度传感器，采用牺牲灵敏度、增大阻尼办法拓宽其频响范围，据介绍，其频响为 2 ~ 200Hz。

加速度传感器有压阻式、压电式的和电阻式 3 种。常用的是压电晶体式的，其频响范围为 2Hz ~ 20kHz。另外，有一种内装放大器式加速度计。该加速度计不是电荷放大，而是电压量和低阻输出，它对引线要求不高，不像电荷放大要使用低噪声电缆。例如美国 PCB 公司生产的量程 50g 加速度计，频响 2Hz ~ 10kHz，灵敏度 100mV/g。压电加速度计的测振原理是压电晶片上安装一质量块，用弹簧对质量块施加预压力，使质量块和压电晶片中牢固定在基座上，加速度计和桩体一起振动时，质量块产生惯性力作用在晶体上，压电晶体产生与惯性力成比例的电荷量输出。压电加速度计和速度传感器比较，具有体积小，重量轻、频响范围大，稳定性好，安装方便等优点，所以绝大多数测桩仪都是采用压电式加速度计。

应力波反射法的振源属冲击振动，它是非周期振动，其能量释放是突然发生，冲击力持续时间短（毫秒级）。冲击力包含有从零开始很宽频率范围，所以要求传感器、放大器和记录系统有宽的频带。一般要求频率上限大于 10 倍被测系统的频率，这样实测波形才不至于有太大失真。当传感器低频响应不好，会使实测波形峰值下降，同时波形后段产生反向峰；当高频响应不够，会使实测波形产生振荡。

三、高应变法

高应变法，是用重锤冲击桩顶，实测桩顶部的速度和力时程曲线，通过波动理论分析，对单桩竖向抗压承载力和桩身完整性进行判定的检测方法。其基本原理就是往桩顶滞轴向施加一个冲击力，使桩产生足够的贯入度，实测由此产生的桩身质点应力和加速度的响应，通过波理论分析，判定单桩竖向抗承载力及桩身完整性。用重锤冲击桩顶时，桩－土之间会产生足够的相对位移，以充分激发桩周土阻力和桩端支承力。在这个过程中，从桩身运动方向来说，有产生向下运动和向上运动之分。习惯把桩身受压（不论是内力、应力还是应变）看作正的，把桩身受拉看作是负的；把向下运动（不论是位移、速度还是加速度）看作正的，而把向上的运动看作负的。由于应力波在其沿着桩身的传播过程中将产生十分复杂的透射和反射，因此，有必要把桩身内运动的各种应力波划分为上行波和下行波。由于下行波的行进方向和规定的正向运动方向一致，在下行波的作用下正的作用力（即压力）将产生正向的运动，而负的作用力（拉力）则产生负向的运动。上行波则正好相反，上行的压力波（其力的符号为正）将使桩产生负向的运动，而上行波的拉力（力的符号为负）则产生正向的运动。由于锤击所产生的压力波向下传播，在有桩侧摩阻力或桩截面突然增大处会产生一个压力回波，这一压力回到桩顶时，将使桩顶处的力增加，速度减少。同时，下行的压力波在桩截面突然减小处或有负摩阻力处，将产生一个拉力回波。拉力波返回桩顶时，将使桩顶处的力值减小，速度增加。掌握这一基本概念就可以在实测的力波曲线和速度曲线中根据两者变化关系来判断桩身的各种情况。

（一）高应变检测的目的

①判定单桩竖向抗压承载力。单桩承载力是指单桩所具有的承受荷载的能力，其最大的承载能力称为单桩极限承载力，高应变法判定单桩承载力是桩身结构强度满足轴向荷载的前提下判定地基土对桩的支承能力。

②判定桩身完整性。高应变法作用在桩顶的能量大，检测桩的有效深度比低应变法深，对预制桩和预应力管桩接头是否焊缝开裂，以及桩身水平整合型裂缝等缺陷的判定优于低应变法，对等截面桩可以由截面完整系数 β 定量判定桩身第一缺陷的缺陷程度，从而可定量判定缺陷是否影响桩身结构的承载力。

③打入式预制桩的打桩应力监控，桩锤效率、打桩系统效率和能量传递比检测，为沉桩工艺和锤击设备选择提供依据。

④对桩身侧阻力和端阻力进行估算，高应变法通过波形拟合程序可以计算桩身侧阻力分布和端阻力值，为桩基设计提供参考依据。

（二）常用的高应变基桩检测法

1. 凯斯法（Case 法）

桩身受一向下的锤击力后，桩身向下运动，桩身产生压应力波 $P(T)$，在桩身的每一载面 X_i 处作用有土的摩阻力 $R(i,t)$，应力波到达该处后产生一新的压力波向上和向下传播。上行波为幅值等于 $1/2\ R(i,t)$ 的压应力波，在桩顶附近安装一组传感器，可接收到锤击力产生的应力波 $P(T)$ 和每一载面 X_i 处传来的上行波。同样，下行波是幅值为 $1/2\ R(i,t)$ 的拉力波，到达桩尖后反射成压力波向桩顶传播，到达传感器位置后被传感器接收，这些波在桩身中反复传播，每到传感器位置时均被传感器接收，在公式的推导过程中不考虑应力波的传播过程中能量的耗散，可得桩的静极限承载力。

2. 波形拟合法

波形拟合法的数学模型分为桩体模型和土模型。对于桩体模型，波形拟合法采用"连续"模型，把桩看作连续的、时不变的、线性的和一维的弹性杆件。把桩体划分为 N_p 个分段，分段长度应保持应力波在通过每个分段时所需的时间相等，分段本身阻抗是恒定的，但各分段阻抗可以不同。桩身内阻尼引起应力波的衰减可用衰减率模拟。其基本思路是在锤击过程中，采集两组实测曲线：力随时间变化曲线和速度随时间变化曲线。借助分析其中一组曲线，对土阻力、桩身阻抗及其他所有桩土提出假设，进而推求另一组曲线值，再把推求值与另一组实测曲线值比对。比对不满足，需要调整假设值继续试算，一直到计算值与实测值相吻合，此时对应的桩土参数就是实际的桩土参数值。该检测方法充分利用了动测过程中所测得的实测值，再辅以计算机试算可以准确的测出基桩承载力。通过大量的测试实践表明，波形拟合法是一种较为成熟的承载力确定方法，准确性和可信度均很高，必将成为高应变动测法的主流。

高应变法所需要的仪器设备包括锤击设备、传感器等。高应变法桩检测的锤可以是用于灌注桩的自由落锤；也可用打桩时的筒式柴油锤、蒸汽锤和液压锤作为桩复打时的锤击装置。对于传感器，高应变法中距桩顶一定距离的桩两侧对称各安装两只加速度传感器和两只应变式力传感器。

四、声波透射法

声波透射法用于检测桩身混凝土质量始于 20 世纪 70 年代，其结果较为准确可靠，是检验大直径灌注桩完整性的较好方法，目前在工业民用建筑、铁路，公路、港口和水利电力等工程建设得到广泛应用。声波透射法适用于已预埋声测管的混凝土灌注桩桩身完整性检测，判定桩身缺陷的程度并确定其位置。声波透射法可以检测全桩长的各横截面混凝土质量情况，桩身是否存在混凝土离析、夹泥、缩颈、密实度差和断桩等缺陷，其结果比低应变法直观可靠，同时现场操作较简便，检测速度较快，不受长径比和桩长限制。

声波透射法桩基检测就是根据混凝土声学参数测量值的相对变化，分析、判别其缺陷的位置和范围，评定桩基混凝土质量类别。声波是弹性波的一种，若视混凝土介质为弹性体，则声波在混凝土中的传播服从弹性波传播规律，由发射探头发射的声波经水的耦合传到测管，再在桩身混凝土介质中传播后，到接收端的测管，再经水耦合，最后到达接收探头。由于液体或气体没有剪切弹性，只能传播纵波，因此超声波测桩技术采用的是纵波分量。探头发射的声波会在发射点和接收点之间形成复杂的声场，声波将分别沿不同的路径传播，最终到达接收点，其走时都不尽相同。但在所有的传播路径中总有一条路径，声波走时最短，接收探头接收到该声波时，形成信号波形的初始起跳，一般称为"初至"，当桩身完好时，可认为这条路径就是发射探头和接收探头的直线距离，是已知量；而初至对应的声时扣去声波在测管、水之间的传播时间以及仪器系统延迟时间，可得声波在两测管间混凝土介质中传播的实际声时，并由此可计算出所对应的声速。当桩身存在断裂、离析等缺陷时，破坏了混凝土昇质的连续性，使声波的传播路径复杂化，声波将透过或绕过缺陷传播，其传播路径大于直线距离，引起声时的延长，而由此算出的波速将降低。另外，由于空气和水的声阻抗远小于混凝土的声阻抗，声波在混凝土中传播过程中，遇到蜂窝、空洞或裂缝等缺陷时，在缺陷界面发生反射和散射，声能衰减，因此接收信号的波幅明显降低，频率明显减小。再者，透过或绕过缺陷传播的脉冲波信号与直达波信号之间存在声程和相位差，叠加后互相干扰，致使接收信号的波形发生畸变。综上所述，当桩身某一段存在缺陷时，接收到的声波信号会出现波速降低、振幅减少、波形畸变、接收信号主频发生变化等特征。

按照超声波换能器通道在桩体中的不同的布置方式，超声波透射法基桩检测主要有以下方法。

（一）桩内单孔透射法

在某些特殊情况下只有一个孔道可供检测使用，例如在钻孔取芯后，需进一步了解芯样周围混凝土质量，作为钻芯检测的补充手段，这时可采用单孔检测法，此时，换能器放置于一个孔中，换能器间用隔声材料隔离（或采用专用的一发双收换能器）。超声波从发射换能器出发经耦合水进入孔壁混凝土表层，并沿混凝土表层滑行一段距离后，再经耦合水分别到达两个接收换能器上，从而测出超声波沿孔壁混凝土传播时的各项声学参数。需要注意的是，运用这一检测方式时，必须运用信号分析技术，排除管中的影响干扰，当孔道中有钢质套管时，由于钢管影响超声波在孔壁混凝土中的绕行，故不能用此法。

（二）桩外孔透射法

当桩的上部结构已施工或桩内没有换能器通道时，可在桩外紧贴桩边的土层中钻一孔作为检测通道，检测时在桩顶面放置一发射功率较大的平面换能器，接收换能器从桩外孔中自上而下慢慢放下，超声波沿桩身混凝土向下传播，并穿过桩与孔之间的土层，通过孔中耦合水进入接收换能器，逐点测出透射超声波的声学参数，根据信号的变化情况大致判定桩身质量。由于超声波在土中衰减很快，这种方法的可测桩长十分有限，且只能判断夹层、断桩、缩颈等。

声波透射法的仪器由声波夜与换能器（探头）两部分组成。随着计算机技术和电子技术的发展，目前所生产的声波仪都是智能型的数字式声波仪。数字声波仪主要由电压发射与控制、程控放大与衰减、A/D 转换与采集和计算机 4 部分组成。高压发射电路产生高压脉冲激励发射换能器，由电能转换为声能，以声脉冲穿过混凝土，被接收换能器接收，又将声能转为电能，电信号经程控放大与衰减，将信号自动调节到最佳电平，转入 A/D 转换器，变为数字信号并以 DMA 方式输入计算机，进行数据处理。声波换能器起电声和声电能量转换作用，分为发射换能器和接收换能器。发射换能器为实现电能转换为声能的探头；接收换能器为实现声能转换为电能的探头。

参考文献

[1] 厉泽逸等编著 . 港口工程桩基设计与施工关键技术研究 [M]. 武汉：长江出版社 , 2020.04.

[2] 孙华银著 . 桩基工程核心理论与工程实践研究 [M]. 北京：中国水利水电出版社 , 2020.06.

[3] 建筑工程桩基施工与检测研究 [M]. 长春：吉林科学技术出版社 , 2020.08.

[4] 郑建国著 . 滑动测微技术在桩基测试中的应用 [M]. 北京：中国建筑工业出版社 , 2020.07.

[5] 陆春华 , 操礼林主编 . 高等混凝土结构理论 [M]. 镇江：江苏大学出版社 , 2020.02.

[6] 钟秋 . 建筑与装饰工程计量与计价 [M]. 重庆：重庆大学出版社 , 2020.07.

[7] 姜朋明 , 齐永正 . 基础工程 [M]. 北京：中国建材工业出版社 , 2020.08.

[8] 刘将主编 . 土木工程施工技术 [M]. 西安：西安交通大学出版社 , 2020.01.

[9] 杨果林 , 张红日 , 罗吉智 , 申权 , 林宇亮作 . 陡坡高桥墩桩基稳定性分析及施工关键技术 [M]. 北京：中国铁道出版社 , 2022.03.

[10] 马少坤作 . 地铁盾构隧道施工对邻近桩基和地埋管线的影响研究 [M]. 北京：机械工业出版社 , 2022.09.

[11] 胡铁明主编 . 高层建筑施工 第 3 版 [M]. 武汉：武汉理工大学出版社 , 2020.06.

[12] 吴秀丽，马成松主编；钟美慧，刘静副主编．建筑结构抗震设计 第3版 [M]．武汉：武汉理工大学出版社，2020.12.

[13] 武鲜花主编．地基与基础 [M]．武汉：武汉理工大学出版社，2020.08.

[14] 郝增韬，熊小东主编．建筑施工技术 [M]．武汉：武汉理工大学出版社，2020.07.

[15] 高文生主编；王涛，王奎华，丁元新副主编．桩基工程技术进展2021[M]．北京：中国建筑工业出版社，2021.10.

[16] 王景广著．桩基工程理论分析与技术实践研究 [M]．北京：北京工业大学出版社，2021.09.

[17] 丁选明，郑长杰，栾鲁宝作．桩基动力学原理 [M]．北京：科学出版社，2021.01.

[18] 冯忠居，姚贤华，王春富．高寒盐沼泽区桥梁桩基力学特性与工程技术 [M]．北京：北京科瀚伟业教育科学技术有限公司，2021.02.

[19] 罗永传，谭逸波．港珠澳大桥主桥桥梁桩基试验研究 [M]．2021.03.

[20] 姜泓列，刘启利主编．建筑与装饰工程计量与计价 [M]．北京：北京理工大学出版社，2021.04.

[21] 张猛，王贵美，潘彪编．土木工程建设项目管理 [M]．长春：吉林科学技术出版社，2021.06.

[22] 刘俊伟，韩勃，崔亮，冯凌云作．海上风电桩基承载性能宏细观机制 [M]．北京：中国建筑工业出版社，2022.02.

[23] 谢晓鹏，高波，李锐，窦国涛，丁玉春作．库区黄河特大桥下部结构施工稳定性控制 [M]．郑州：黄河水利出版社，2022.02.